HUAGONG ZHUANYE SHIYAN

化工专业实验

王 军 ◇ 主 编

徐梅松　潘红艳　付成兵　汤正河　王海荣　杨万亮　史永永 ◇ 副主编

U0209013

贵州大学出版社
Guizhou University Press

·贵阳·

图书在版编目(CIP)数据

化工专业实验 / 王军主编 ; 徐海松等副主编 .
贵阳 : 贵州大学出版社, 2024. 9. -- ISBN 978-7-5691-0857-6

I. TQ016

中国国家版本馆 CIP 数据核字第 2024ZB0970 号

化工专业实验

主　　编:王　军

出 版 人:闵　军
责任编辑:杨鸿雁
装帧设计:陈　丽

出版发行:贵州大学出版社
　　　　　地址:贵阳市花溪区贵州大学东校区出版大楼
　　　　　邮编:550025　电话:0851-88291180
印　　刷:贵阳精彩数字印刷有限公司
开　　本:787毫米×1092毫米　1 / 16
印　　张:7.75
字　　数:165千字
版　　次:2024年9月第1版
印　　次:2024年9月第1次印刷

书　　号:ISBN 978-7-5691-0857-6
定　　价:24.80元

前　言

实验教学是培养学生创新能力、提升学生综合素质、强化学生解决复杂工程问题的能力以及增强团队合作精神的有效手段，也是培养学生安全、健康、环保意识的重要方式，已成为化工类学生培养必不可少的环节。

本书根据教育部关于"新工科"的要求，结合《工程教育认证通用标准》对本科毕业生提出的毕业要求，参考同类教材编写而成。全书主要包括化工热力学、化学反应工程、化工分离技术、化工过程控制基础、化工工艺实验以及面向磷化工、煤化工、"富矿精开"、"双碳"、"新能源电池材料"等的研究开发类实验。本书结合学习成果导向(OBE)的工程教育理念，对实验教学内容进行了规范化、具体化处理，选取的实验项目具有典型性和先进性，有利于提升教学效果，增强教材的适用性。本书可作为普通高等学校本科、高职高专化工类及相关专业教材，也可供相关技术人员参考。

本书由王军(实验七、实验八、实验十二、实验十三、附录)、徐梅松(实验二)、潘红艳(实验三、实验五)、付成兵(实验十五)、杨万亮(实验一、实验十四)、汤正河(实验四、实验十一)、王海荣(实验六)、史永永(实验九、实验十)编写，全书由王军统稿。在编写过程中得到了贵州大学化工学科教研室其他老师及校内外相关专家的帮助和支持，在此表示衷心的感谢！

鉴于时间、水平和能力的限制，书中难免有不妥之处，恳请广大读者批评指正。

编者
2024年1月

目　录

第五部分　化工工艺实验

第六部分　研究开发实验

附　录

第一部分　化工热力学实验

实验一　二元体系汽液平衡数据测定

在化学工业中,精馏吸收过程的工艺和设备的设计,都需要准确的汽液平衡数据。准确的汽液平衡数据对提供最佳化的操作条件、节约能源消耗、降低成本具有重要的意义。虽然有许多体系的平衡数据可以从资料中查到,但数据使用单位往往为了能更紧密地结合实际,有时也希望有准确的、结合具体课题的实测汽液平衡数据。更何况目前开发的新产品、新工艺,许多汽液平衡数据前人没有做过,就更需要测定。

在溶液理论的研究中提出了各种各样描述溶液内部分子之间相互作用的模型,准确的汽液平衡数据是对这些模型的准确性程度进行检验的重要依据。

一、实验目的

(1)通过测定常压下乙酸-水二元体系的汽液平衡数据,了解并掌握循环法测定二元汽液平衡数据的方法。

(2)掌握改进的Rose釜的操作技术,确定汽相和液相的平衡组成。

(3)由实验数据计算液相活度系数r_{ij},确定范拉尔(Van Laar)方程的端值常数。

(4)了解实验数据的热力学一致性检验的方法。

二、实验原理

汽液平衡数据测定实验是在一定温度、压力下,在已建立汽液相平衡的体系中,分别取出汽相和液相样品测定其浓度的实验。

以图1-1所示的循环法测定汽液平衡数据的平衡釜类型多种多样,但基本原理是一样的。当体系达到平衡时,a容器中的温度不变,此时a和b中的组成不随时间而变化,从a和b

中取样分析,可以得到汽液平衡数据。本实验采用的是广泛使用的循环法,平衡装置为改进的 Rose 釜。

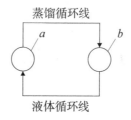

图 1-1　循环法测定汽液平衡数据原理图

本实验要测定的乙酸-水系统,其汽相可近似作为理想气体混合物处理,汽液平衡数据包括 T-P-x_i-y_i,对部分理想体系达到汽液平衡时,平衡关系可用式(1-1)和式(1-2)表示:

$$Py_1 = \gamma_1 x_1 p_1^*\qquad(1-1)$$

$$Py_2 = \gamma_2 x_2 p_2^*\qquad(1-2)$$

式中,P 为系统总压;y_1, y_2 分别为汽相中组分1、组分2的摩尔分率;x_1, x_2 分别为液相中组分1、组分2的摩尔分率;γ_1, γ_2 分别为液相中组分1、组分2的活度系数;p_1^*, p_2^* 分别为组分1、组分2在平衡温度下的饱和蒸汽压。

组分 i 的饱和蒸汽压 p_i^*,可由安托万(Antoine)方程

$$\ln p_i^* = A - \frac{B}{T + C}\qquad(1-3)$$

求得。式中,p_i^* 的单位为 mmHg;T 为绝对温度,单位为 K;A, B, C 分别为 Antoine 方程常数。

由实验测得若干组 T-x-y 数据后,即可根据

$$\gamma_{i实} = \frac{Py_i}{x_i p_i^*}\qquad(1-4)$$

计算活度系数 $\gamma_{i实}$,再根据实验值,由式(1-5)和式(1-6)求得 Van Laar 常数。

$$A = \left[1 + \frac{x_2 \ln \gamma_2}{x_1 \ln \gamma_1}\right]^2 \ln \gamma_1\qquad(1-5)$$

$$B = \left[1 + \frac{x_1 \ln \gamma_1}{x_2 \ln \gamma_2}\right]^2 \ln \gamma_2\qquad(1-6)$$

将若干组数据求得的若干个 A, B 的平均值作为 Van Laar 配偶参数的最终结果。然后,用 Van Laar 方程式关联,并预测汽液平衡数据。Van Laar 方程见式(1-7)和式(1-8)。

$$\ln \gamma_1 = \frac{A}{\left[1 + \dfrac{Ax_1}{Bx_2}\right]^2}\qquad(1-7)$$

$$\ln \gamma_2 = \frac{B}{\left[1 + \dfrac{Bx_2}{Ax_1}\right]^2} \tag{1-8}$$

实验中须对平衡温度及沸点进行校正,校正公式分别见式(1-9)和(1-10)。

测定实际温度与读数温度的校正:

$$t_{实际} = t_{观} + 0.00016n(t_{观} - t_{室}) \tag{1-9}$$

式中,$t_{观}$为温度计指示值;$t_{室}$为室温;n为温度计暴露在测量体系上方水银柱的高度。

沸点校正:

$$t_P = t_{实际} + 0.000125(t + 273)(760 - P) \tag{1-10}$$

式中,t_P为换算到标准大气压(0.1MPa)下的沸点;P为实验时的大气压力(换算为mmHg)。

三、实验装置及实验用品

本实验所采用的平衡釜是改进的Rose釜(图1-2),该釜运用汽液双循环法,进行上下置换。该装置具有以下优点:置换速度快,易达到平衡(平衡时间约为45—60min);有Controll汽液提升管,测温准确;有蒸汽保温夹套,能减少汽相部分冷凝。这种釜一般用于测定常压下的恒压汽液平衡数据,装料量约为160mL,温度测量采用1/10℃分度的水银温度计。

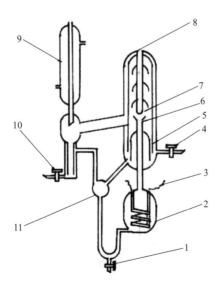

1—排液口;2—沸腾器;3—内加热器;4—液相取样口;5—汽室;6—汽液提升管;

7—汽液分离器悸;8—温度计套管;9—汽相冷凝管;10—汽相取样口;11—混合器。

图1-2 Rose平衡釜示意图

分析仪器:恒温水浴-阿贝折光仪系统,配有超级恒温浴和四位数字折光仪。

实验试剂:冰醋酸(分析纯),蒸馏水。

四、实验步骤

（1）开启超级恒温水浴锅,使折光仪正常工作,配制乙酸-水（HAc-H$_2$O）混合溶液并测绘其标准曲线。

（2）按实验装置图连接恒压实验装置,并检测系统的气密性。

（3）用漏斗从加料口加入160mL的一定组成的乙酸-水混合待测物料。

（4）打开冷却水系统,接通平衡釜加热电源,采用变压器缓慢升温（防止爆沸）至釜液沸腾。同时加热汽液分离器保温夹套与温度计露颈保温夹套,以使环境温度与系统一致。应注意加料口塞子的通道方向,使平衡釜与大气接通。

（5）观察釜内液体沸腾情况,判断体系是否平衡。为保证整个体系充分平衡,应再过20 min后,记下平衡温度和压力,用干燥、洁净的取样瓶同时取出汽、液两相样品。

（6）将取出的样品用阿贝折光仪测折光率$N_D{}^{25}$,然后从标准曲线反查汽、液相组成。

（7）取样后,停止加热,从釜液排空物料,重新加入一组待测液以改变釜内组成,重复上述步骤,进行第二组数据的测定。每个小组须测六组以上数据。

（8）实验完毕,先把加热及保温电压逐步降到0V,切断电源,待釜温降低后,关闭冷却水,拆除恒压装置。整理好实验仪器及实验台。

五、实验数据记录与处理

对实验记录进行记录,数据记录参考表详见表1-1。

表1-1 乙酸-水二元体系汽液平衡数据记录表

日期: 室温: 大气压: 容器总体积:

实验序号	醋酸体积/mL	摩尔分数	加热电压/V	时间/min	平衡温度/℃	液相样品折光率(三次平均值)	液相中乙酸的摩尔分率	汽相样品折光率(三次平均值)	汽相中乙酸的摩尔分率
1		0.0							
2		0.1							
3		0.2							

实验序号	醋酸体积/mL	摩尔分数	加热电压/V	时间/min	平衡温度/℃	液相样品折光率(三次平均值)	液相中乙酸的摩尔分率	汽相样品折光率(三次平均值)	汽相中乙酸的摩尔分率
4		0.3							
5		0.4							
6		0.5							
7		0.6							
8		0.7							
9		0.8							
10		0.9							
11		1.0							

六、实验结果与讨论

在处理乙酸–水二元体系的汽液平衡问题时,若忽略了汽相缔合,往往会导致关联失败,此时活度系数接近于1,恰似一个理想的体系,但它却不能满足热力学一致性。如果考虑在乙酸的汽相中有单分子、两分子和三分子的缔合体共存,而液相中仅考虑单分子体的存在,在此基础上用缔合平衡常数对表观蒸汽组成的蒸汽压进行修正,再计算出液相的活度系数,这样计算的结果就能符合热力学一致性,并且能将实验数据进行关联。

为了便于计算,我们介绍一种简化的计算方法:

首先,考虑纯乙酸的汽相缔合,认为乙酸在汽相部分发生二聚而忽略三聚,因此,汽相中实际上是单分子体与二聚体共存,它们之间有一个反应平衡关系,即

$$2HAc \Longrightarrow (HAc)_2$$

缔合平衡常数可通过下式计算:

$$K_2 = \frac{P_2}{P_1^2} = \frac{\eta_2}{P\eta_1^2} \tag{1-11}$$

其中,η_1, η_2 为汽相乙酸的单分子体和二聚体的真正摩尔分数。由于液相不存在二聚体,所以气体的压力是单分子体和二聚体的总压,而乙酸的逸度则是指单分子的逸度。汽相中单体的摩尔分数为 η_1,而乙酸逸度是校正压力,具体计算公式如下:

$$f_A = P\eta_1 \tag{1-12}$$

η_1 与 n_1, n_2 的关系如下:

$$\eta_1 = \frac{n_1}{(n_1 + n_2)} \tag{1-13}$$

现在考虑乙酸-水的二元溶液,不计入 H_2O 与 HAc 的交叉缔合,则汽相有三个组成:HAc,$(HAc)_2$,H_2O。所以可根据

$$\eta_1 = \frac{n_1}{(n_1 + n_2 + n_{H_2O})} \tag{1-14}$$

计算 η_1。

汽相的表观组成和真实组成之间的关系如下:

$$y_A = \frac{(n_1 + 2n_2)/n_{\text{总}}}{(n_1 + 2n_2 + n_{H_2O})/n_{\text{总}}} = \frac{n_1 + 2n_2}{n_1 + 2n_2 + n_{H_2O}} \tag{1-15}$$

将 $n_1 + n_2 + n_{H_2O} = 1$ 代入式(1-15),得到

$$y_A = \frac{\eta_1 + 2\eta_2}{1 + \eta_2} \tag{1-16}$$

整理式(1-15)和式(1-16)后得到

$$K_2 P \eta_1^2 (2 - y_A) + \eta_1 - y_A = 0 \tag{1-17}$$

用一元二次方程法求出 η_1,便可求得 η_2 和 η_{H_2O}。具体计算方法见式(1-18)和式(1-19)。

$$\eta_2 = K_2 P \eta_1^2 \tag{1-18}$$

$$\eta_{H_2O} = 1 - (\eta_1 + \eta_2) \tag{1-19}$$

乙酸的缔合平衡常数与温度 T 的关系如下:

$$\lg K_2 = -10.4205 + 3166/T \tag{1-20}$$

由组分逸度的定义得

$$\hat{f}_A = P y_A \hat{\phi}_A = P \eta_1 \tag{1-21}$$

$$\hat{\phi}_A = \frac{\eta_1}{y_A} \tag{1-22}$$

$$\hat{\phi}_{H_2O} = \frac{\eta_{H_2O}}{y_{H_2O}} \tag{1-23}$$

对于纯乙酸,$y_A = 1$,$\phi_A^0 = \eta_1^0$。因低压下的水蒸气可视作理想气体,故 $\phi_{H_2O}^0 = 1$,其中 η_1^0 可根据纯物质的缔合平衡关系式

$$K_2 = \frac{\eta_2^0}{P \cdot (\eta_1^0)^2} \tag{1-24}$$

$$\eta_1^0 + \eta_2^0 = 1 \tag{1-25}$$

$$K_2 P_A^0 \cdot (\eta_1^0)^2 + \eta_1^0 - 1 = 0 \tag{1-26}$$

求出。解一元二次方程可得 η_1^0。

利用汽液平衡时组分在汽、液二相的逸度相等的原理，根据

$$P\eta_i = P_i^0\eta_i^0 x_i\gamma_i \tag{1-27}$$

可求出活度系数 γ_i，即转变为

$$\gamma_{\mathrm{HAc}} = \frac{P\eta_1}{P_{\mathrm{HAc}}^0\eta_1^0 x_{\mathrm{HAc}}} \tag{1-28}$$

$$\gamma_{\mathrm{H_2O}} = \frac{P\eta_{\mathrm{H_2O}}}{P_{\mathrm{H_2O}}^0 x_{\mathrm{H_2O}}} \tag{1-29}$$

式(1-28)和式(1-29)中的饱和蒸汽压 P_{HAc}^0，$P_{\mathrm{H_2O}}^0$ 可由式(1-30)和式(1-31)得到。

$$\log P_{\mathrm{HAc}}^0 = 7.1881 - \frac{1416.7}{t+211} \tag{1-30}$$

$$\log P_{\mathrm{H_2O}}^0 = 7.9187 - \frac{1636.909}{t+224.92} \tag{1-31}$$

七、注意事项

(1)每次实验后必须排出釜液。

(2)沸腾均匀后，有冷凝液才可以盖上冷凝器的盖子。

(3)加热电压要缓慢地往上升，一般在100—110V。

(4)取样前要取陈液(约1mL)，取完陈液应立即取样(2mL)。

(5)分析前先将液相样品稍微冷却，以防止水挥发，从而导致分析误差较大。

(6)每一样品要分析两次以上，以消除偶然误差。

(7)实验结束后，要切断水源。注意先关闭电源，把加热调压调至0V后关闭冷凝水阀。

实验二　三元体系液液平衡数据测定

一、实验目的

(1)采用浊点–物性联合法测定乙醇–环己烷–水三元体系的液液平衡双结点曲线和平衡结线。

(2)掌握实验的基本原理,了解测定方法,熟悉实验技能。

(3)通过实验,学会绘制三角形相图。

二、实验原理

三元体系液液平衡数据的测定有不同的方法。一种方法是配制一定浓度的三元混合物,在恒定温度下搅拌,使其充分接触,以达到两相平衡。然后静止分层,分别取出两相溶液并分析其组成。这种方法可直接测出平衡结线数据,但分析往往存在困难。另一种方法是先用浊点法测出三元体系的溶解度曲线,确定溶解度曲线上的组成与某一物性(如折光率、密度等)的关系,再测定相同温度下的平衡结线数据,这时只需根据已确定的曲线决定两相的组成即可。

(一)溶解度测定原理

乙醇和环己烷、乙醇和水为互溶体系,而水在环己烷中的溶解度很小。在一定温度下,向乙醇和环己烷的混合溶液中滴加水到一定量时,原来均匀、清晰的溶液开始分裂成水相、油相两相混合物,体系开始变浑浊。本实验先配置乙醇–环己烷溶液,再加入第三组分——水,直到溶液浑浊,最后通过逐一称量各组分来确定平衡组成,计算出溶解度。

(二)平衡结线测定原理

在定温、定压条件下,三元液液平衡体系的自由度 $f = 1$。这就是说,在溶解度曲线上,只要确定一个特性值,就能确定三元体系的性质。通过测定平衡时上层(油相)、下层(水相)物质的折光率,并在预先测制的浓度–折光率关系曲线上查得相应组成,便能获得平衡结线。

三、实验装置

实验流程如图2-1所示。

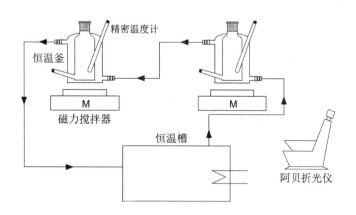

图2-1 装置流程示意图

恒温釜采用夹套加热保温,加热介质为恒温水;三元体系温度测量采用铂电阻温度传感器,数字显示;三元体系通过磁力搅拌实现均匀混合。

四、实验步骤

(一)实验准备

(1)根据表2-1配制乙醇–环己烷标准溶液,并测量其在25℃下的折光系数,得到 x_1-n_D 标准曲线。也可由教师在实验前准备。

表2-1 乙醇-环己烷标准溶液的折光率

序号	乙醇体积/mL (乙醇质量/g)	环己烷体积/mL (环己烷质量/g)	乙醇质量分数/%	折光率
1	5(3.939)	0(0)	1	1.3598
2	4(3.151)	1(0.674)	0.8238	1.3686
3	3(2.369)	2(1.461)	0.6185	1.3805
4	2(1.602)	3(2.235)	0.4175	1.3931

续表

序号	乙醇体积/mL (乙醇质量/g)	环己烷体积/mL (环己烷质量/g)	乙醇质量分数/%	折光率
5	1(0.818)	4(3.045)	0.2118	1.4075
6	0(0)	5(3.806)	0	1.4248

将 x_1-n_D 数据关联回归,得到

$$Y = 0.0184X^2 - 0.0831X + 1.4246 \tag{2-1}$$

测定未知液的折光率 Y,再根据式(2-1),便可计算出未知液中乙醇的质量分数。

(2)同理,根据表2-2配置乙醇–水标准溶液,并测量其在25℃下的折光系数,得到 x_1-n_D 标准曲线。也可由教师在实验前准备。

表2-2 乙醇-水标准溶液的折光率

序号	乙醇体积/mL (乙醇质量/g)	水体积/mL (水质量/g)	乙醇质量分数/%	折光率
1	4(3.157)	1(0.997)	0.7600	1.3631
2	3.5(2.768)	1.5(1.524)	0.5819	1.3620
3	3(2.392)	2(1.989)	0.5460	1.3604
4	2.5(1.956)	2.5(2.478)	0.4411	1.3578
5	2(1.479)	3(2.951)	0.3339	1.3538
6	1.5(1.167)	3.5(3.459)	0.2523	1.3494
7	1(0.781)	4(4.031)	0.1623	1.3431
8	0.5(0.410)	4.5(4.505)	0.0834	1.3371

对 x_1-n_D 数据进行关联回归,得到

$$Y = -0.0614X^2 + 0.0895X + 1.3304 \tag{2-2}$$

测定未知液的折光率 Y,再根据式(2-2),便可计算出未知液中乙醇的质量分数。

(二)溶解度的测定

(1)将阿贝折光仪、恒温釜和超级恒温水槽用软管连接起来,打开超级恒温水槽的加热开关,将恒温水的温度设定为25℃(由于环境温度的影响,实际设置温度会高于或低于25℃,以阿贝折光仪、恒温釜的实际温度为准)。

（2）将磁子放入清洁干燥的平衡釜中,连接恒温水浴与平衡釜夹套,用固定夹固定住平衡釜,通恒温水恒温。

（3）将约20mL环己烷倒入平衡釜,须准确测量加入的环己烷的质量;然后加入约10mL的无水乙醇,仍须准确测量加入的乙醇的质量。打开磁力搅拌器搅拌,将转速设定在400r/min左右,使其混合均匀。

（4）接着用医用注射器抽取约1mL去离子水,用吸水纸轻轻擦去针头外的水,在电子天平上称量并记下质量。将注射器里的水缓缓地向釜内滴加,仔细观察溶液,当溶液开始变浑浊时,立即停止滴水。将注射器轻微倒抽,以便使针头上的水抽回,然后再次称重,计算出滴加的水的质量。最后根据环己烷、乙醇、水的质量,算出浊点的组成。根据实验情况,不停地改变环己烷或乙醇的量,重复以上操作,可测得一系列溶解度数据。将这些数据绘制在三角形相图上,便得到一条溶解度曲线。

（三）平衡结线测定

（1）分别用注射器抽取约20mL环己烷、10mL乙醇和6mL水,准确称量三者的质量,将其注入恒温釜内,缓缓搅拌5min后停止搅拌,静置15—20min。待溶液充分分层后,用洁净的注射器分别小心抽取上层、下层液体,并测定其折光率。对于上层油相样品,可通过式(2-1)的标准曲线查出乙醇的质量分数,再由图2-3的环己烷-乙醇浓度关系曲线计算出上层溶液中环己烷的浓度,从而得到上层油相的组成;对于下层水相样品,通过式(2-2)的标准曲线查出乙醇的质量分数,再由图2-4的水-乙醇浓度关系曲线计算出水的质量分数,从而得到下层水相的组成。这样就能得到一条平衡结线,三元体系的起始组成应在这条结线上。

（2）改变加入水的质量,重复步骤(1),可以得到另一条平衡结线。

（3）结束实验,整理实验室。

注意:

①实验准备步骤是为分析组分浓度而做的准备,若是用气相色谱分析组分浓度,则无需测定标准曲线,直接进入步骤(2)。

②因为测定的标准曲线是关于质量分数和折光率二者的关系,若由体积计算质量,易造成较大误差,所以只需用注射器抽取大致的体积,然后称量出其准确质量即可。

五、数据记录与处理

（一）数据记录表

记录实验数据,可参考表2-3—表2-5。

表 2-3　常规参数记录表

室温/℃	大气压/kPa	平衡釜温度/℃

表 2-4　溶解度数据记录表

组分	质量/g	W_t/%
环己烷		
乙醇		
水		

表 2-5　油相和水相实验数据记录表

油相（上层）				水相（下层）			
折光率	环己烷质量分数/%	乙醇质量分数/%	水质量分数/%	折光率	环己烷质量分数/%	乙醇质量分数/%	水质量分数/%

本实验给出 25 ℃时的乙醇–环己烷–水三元体系液液平衡数据（见表 2-6），以供参考。

表 2-6　乙醇-环己烷-水三元体系液液平衡溶解度数据

序号	组分		
	乙醇质量分数/%	环己烷质量分数/%	水质量分数/%
1	41.06	0.08	58.86
2	43.24	0.54	56.22
3	50.38	0.81	48.81
4	53.85	1.36	44.79
5	61.63	3.09	35.28
6	66.99	6.98	26.03

序号	组分		
	乙醇质量分数/%	环己烷质量分数/%	水质量分数/%
7	68.47	8.84	22.69
8	69.31	13.88	16.81
9	67.89	20.38	11.73
10	65.41	25.98	8.31
11	61.59	30.63	7.78
12	48.17	47.54	4.29
13	33.14	64.79	2.07
14	16.7	82.41	0.89

（1）根据表2-6中的数据，绘制出乙醇-环己烷-水三元体系溶解度光滑曲线，如图2-2所示。

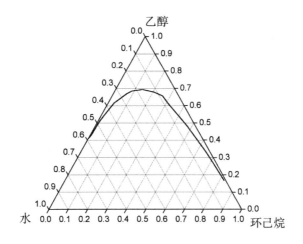

图2-2　乙醇-环己烷-水三元体系溶解度曲线

（2）根据表2-6中的数据，分别作出油相中环己烷-乙醇浓度关系曲线（图2-3）和水相中水-乙醇浓度关系曲线（图2-4）。

用阿贝折光仪分别测定分析出油相和水相中的乙醇浓度，然后根据图2-3、图2-4及其拟合方程，分别计算出油相中环己烷的浓度、水相中水的浓度，然后用减量法便可确定两相中第三组分的浓度。

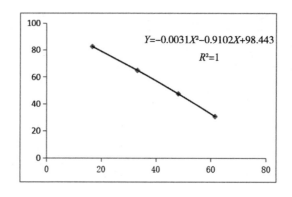

图2-3　油相中环己烷-乙醇浓度关系曲线

拟合得到

$$Y = -0.0031X^2 - 0.9102X + 98.443 \tag{2-3}$$

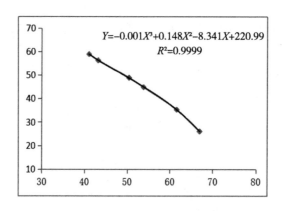

图2-4　水相中水-乙醇浓度关系曲线

拟合得到

$$Y = -0.001X^3 + 0.148X^2 - 8.341X + 220.99 \tag{2-4}$$

六、实验结果与讨论

(1)根据附录中的数据,在三角形相图上绘制乙醇-环己烷-水三元体系的溶解度曲线,在图上标出测得的数据。

(2)思考并解释(或讨论)以下问题:

① 为什么根据系统由清变浊的现象即可测定相界?

② 分析温度、压力对液液平衡的影响。

③影响测试数据的准确性的因素有哪些?

七、注意事项

(1)本实验采用阿贝折光仪对三元体系的组分进行分析,结果均为估算,计算结果存在一定误差,但符合规律。若要进行精确分析和进一步科学研究,建议采用气相色谱分析。

(2)为节省试剂,在做完一组溶解度数据测定后,可接着做一组平衡结线测定,只需将两次用水量相加即可。建议将总用水量控制在6—9mL范围内。

实验三 二氧化碳 *PVT* 曲线测定

一、实验目的

(1)学习和掌握纯物质的 *P–V–T* 关系曲线的测定方法和原理。

(2)观察纯物质临界乳光现象,整体相变现象,气、液两相模糊不清现象,增强对临界状态的感性认识和对热力学基本概念的理解。

(3)测定纯物质的 *PVT* 数据,在 *P–V* 图上绘出纯物质等温线。

(4)学会活塞式压力计、恒温器等热工仪器的正确使用方法。

二、实验原理

本实验采用的纯物质为高纯度的 CO_2 气体。理想气体严格遵循方程 $PV = ZRT(Z = 1)$,实际上由于气体自身占有的体积和分子之间存在相互作用力,气体状态参数压力(P)、温度(T)、比容(V)不再遵循理想气体方程。

考虑上述两方面的影响,真实气体状态方程有以下几个。

(一)范德华方程

1873年,范德华对理想气体状态方程做了修正,提出如下修正方程:

$$\left(P + \frac{a}{V^2}\right)(V - b) = RT \tag{3-1}$$

其中,$\dfrac{a}{V^2}$ 是分子力的修正项;b 是分子体积的修正项。a 和 b 可根据式(3-2)得到。

$$\begin{cases} a = \dfrac{27}{64} \times \dfrac{R^2 T_c{}^2}{P_c} \\ b = \dfrac{1}{8} \times \dfrac{RT_c}{P_c} \end{cases} \tag{3-2}$$

(二)Redlich-Kwong 状态方程(RK方程)

$$P = \frac{RT}{V - b} - \frac{a}{T^{0.5}V(V + b)} \tag{3-3}$$

式(3-3)为Redlich-Kwong状态方程,式中的 a 和 b 可根据式(3-4)得到。

$$\begin{cases} a = 0.42748 \times \dfrac{R^2 T_c^{2.5}}{P_c} \\ b = 0.08664 \times \dfrac{RT_c}{P_c} \end{cases} \quad (3\text{-}4)$$

(三)SRK方程

$$P = \frac{RT}{V - b} - \frac{a(T)}{V(V + b)} \quad (3\text{-}5)$$

式(3-3)为SRK方程,相关参数计算见式(3-6)和式(3-7)。

$$\begin{cases} a(T) = a_c \times \alpha(T) = 0.42748 \times \dfrac{R^2 T_c^{2}}{P_c} \times \alpha(T) \\ b = 0.08664 \times \dfrac{RT_c}{P_c} \end{cases} \quad (3\text{-}6)$$

$$\begin{cases} \alpha(T) = \left[1 + m\left(1 - T_r^{0.5} \right) \right]^2 \\ m = 0.480 + 1.574\omega - 0.176\omega^2 \end{cases} \quad (3\text{-}7)$$

从上式可看出,流体的状态参数压力、温度和比容之间有确定关系,保持任意一个参数恒定,测出其余两个参数之间的关系,就可以求出工质状态变化规律。比如,保持温度不变,测定压力和比容之间的对应数值,就可以得到等温线数据,绘制出等温线。

(一)测定 CO_2 的 P-V-T 关系曲线

本实验测量 $T > T_c$,$T = T_c$,$T < T_c$ 三种温度条件下的等温线,T_c 为临界温度。当 $T < T_c$ 时,CO_2 的等温线有气液相变的直线段(图3-1)。随着温度的升高,相变过程的直线段逐渐缩短。当 $T = T_c$ 时,饱和液体与饱和气体之间的界限已完全消失,呈现出模糊状态,称为临界状态。CO_2 的临界压力 P_c 为7.52MPa,临界温度 T_c 为31.1℃。

(二)观察热力学现象

1.临界乳光现象

将水温加热到 CO_2 的临界温度 $T_c = 31.1℃$,保持温度不变,摇进压力台上的活塞螺杆,使压力升至7.8MPa左右,然后摇

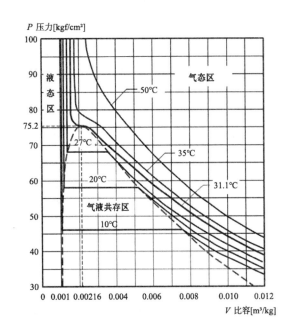

图3-1　CO_2标准试验曲线

退活塞螺杆(注意勿使实验本体晃动)降压,在此瞬间玻璃管内将出现圆锥状的乳白色闪光现象,这就是临界乳光现象。这是由于CO_2分子受重力场作用沿高度分布不均以及光的散射所造成的,可以将上述过程反复几次来观察这一现象。

2.整体相变现象

当$T < T_c$时,气、液的相互转化需要一定的时间,表现为一个渐变的过程;在临界点时($T = T_c$,$P = P_c$),气化潜热等于零,饱和气相线与饱和液相线合于一点,此时,当压力稍有变化,气、液会以突变的形式互相转化。

3.气、液两相模糊不清现象

处于临界点的CO_2具有共同的参数,因而仅凭参数不能区分此时的CO_2是气体还是液体。如果说它是气体,那么这个气体是接近了液态的气体;如果说它是液体,那么这个液体是接近了气态的液体。下面用实验来验证这个结论。

实验现象:(1)在临界点时,由于CO_2处于临界温度T_c之下,如果按等温线过程对CO_2进行压缩或膨胀,管内什么都看不到。

(2)现在我们按绝热过程来进行。首先当压力处于7.8MPa附近时,突然降压,CO_2状态点由等温线沿绝热线降到液态区,管内的CO_2出现了明显的液面,这就说明,如果这时管内的CO_2是气体的话,那么这种气体离液区很接近,可以说是接近了液态的气体;在膨胀之后,突然压缩CO_2,这个液面又立即消失了,这就告诉我们,此时的CO_2液体离气相区也是非常近的,可以说是接近了气态的液体。既然此时的CO_2既接近气态又接近液态,所以,它只能处于临界点附近。因此,临界状态指的是饱和气、液分不清的状态。

这就是临界点附近饱和气、液模糊不清的现象。

三、实验装置及流程

整个实验装置由手动油压机、实验台本体、恒温水浴及测温仪表四大部分组成,如图3-2和3-3所示。

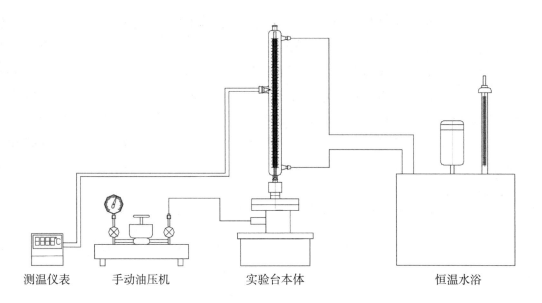

图 3-2 实验台系统图

测温仪表　　　手动油压机　　　实验台本体　　　　　恒温水浴

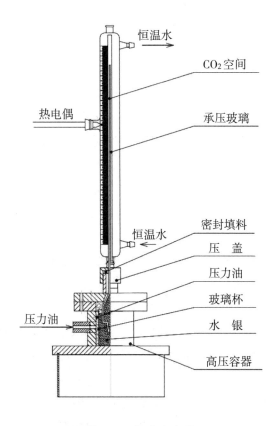

恒温水

CO_2 空间

承压玻璃

热电偶

恒温水

密封填料

压　盖

压力油

玻璃杯

水　银

压力油

高压容器

图 3-3 实验台本体

实验中,由压力台油缸送来的压力油进入高压容器和玻璃杯上半部,迫使水银进入预先装有高纯度CO_2气体的承压毛细玻璃管,CO_2气体被压缩。其压力和容积通过压力台上活塞杆的进、退来调节,温度由恒温器供给水套里的水温调节,水套的恒温水由恒温浴供给。CO_2的压力由装在压力台上的精密压力表读出(注意:绝压 = 表压 + 大气压),温度由插在恒温水套中的温度传感器读出,比容由CO_2柱的高度除以质面比常数计算得到。具体如下:

由于充入承压玻璃管内的CO_2的质量不便于测定,而玻璃管内径或截面积也不易准确测量,因而实验中采用间接方法来确定比容,认为CO_2比容与其在承压玻璃管内的高度之间存在线性关系。

测定该实验台的CO_2在25℃、7.8MPa下的液柱高度,记为Δh^*(m)。

已知$T = 25℃$,$P = 7.8MPa$时,$V = \dfrac{\Delta h^* \times A}{m} = 0.00124$(m³/kg),于是有$\dfrac{m}{A} = \dfrac{\Delta h^*}{0.00124} = k$(kg/m²),则任意温度、任意压力下,$CO_2$的比容可通过式(3-8)表示:

$$V = \frac{h_0 - h}{m/A} = \frac{\Delta h}{k} \tag{3-8}$$

式中,$\Delta h = h_0 - h$,Δh为任意温度、任意压力下CO_2柱的高度;h为任意温度、任意压力下水银柱的高度;h_0为承压玻璃管内径顶端刻度。

四、实验步骤

(1)启动装置总电源,开启实验台本体上的LED灯。

(2)使用恒温水浴进行恒温操作。调节恒温水浴水位至离盖30—50mm,打开恒温水浴开关,按照水浴操作说明,将温度调节至所需温度,观测水套实际温度,并调整水套温度,使之尽可能靠近实验所需的温度(可近似认为承压玻璃管内CO_2的温度等于水套的温度)。

(3)加压前的准备。因为压力台的油缸容量比容器容量小,需要多次从油杯里抽油,再向主容器管充油,才能在压力表显示压力读数,压力台抽油、充油的操作非常重要,若操作失误,不但加不上压力,还会损坏试验设备,所以,务必认真掌握。其步骤如下:

①关闭压力台至加压油管的阀门,开启压力台油杯上的进油阀。

②摇退压力台上的活塞螺杆,直至螺杆全部退出。这时,压力台活塞腔体中抽满了油。

③先关闭油杯阀门,然后开启压力台和高压油管的连接阀门。

④摇进活塞螺杆,使本体充油。如此反复,直至压力表上有压力读数为止。

⑤再次检查油杯阀门是否关好,压力表及本体油路阀门是否开启。若均已调定,即可进行实验。

(4)测定承压玻璃管(毛细管)内CO_2的质面比常数k值。

①恒温到25℃,加压到7.8MPa,此时比容$V = 0.00124$m³/kg。

②稳定后记录此时的水银柱高度 h 和毛细管柱顶端高度 h_0，根据公式换算质面比常数 k。

（5）测定低于临界温度（$T < T_c$）时的等温线。

①将恒温器温度调定在 T，并保持恒温。

②逐渐增加压力，压力在 3MPa 左右时（毛细管下部出现水银液面）开始读取相应水银柱的液面刻度，记录第一个数据点。

③根据标准曲线，结合实际，观察毛细管内的物质状态，若处于单相区，则按压力 0.3MPa 左右提高压力；当观测到毛细管内出现液柱，则按液柱每升高 5—10mm 记录一次数据；达到稳定时，读取相应水银柱的液面刻度。注意：加压时，应足够缓慢地摇进活塞杆，以保证温度恒定。

④再次处于单相区时，逐次提高压力，按压力间隔 0.3MPa 左右升压，直到压力达到 9.0MPa 左右为止，在操作过程中记录相关压力和刻度。

（6）测定临界等温线和临界参数，并观察临界现象。

①将恒温水浴调至 CO_2 的临界温度 31.1℃，按上述方法和步骤测出临界等温线，注意在曲线的拐点（7.5—7.8MPa）附近，应缓慢调节压力（调节间隔可在 5mm 刻度），较准确地确定临界压力和临界比容，较准确地描绘出临界等温线上的拐点。

②观察临界现象。

a.临界乳光现象：将水温加热到临界温度（31.1℃）并保持温度不变，摇进压力台上的活塞螺杆，使压力升至 7.8MPa 附近，然后摇退活塞螺杆（注意勿使实验台本体晃动）降压，在此瞬间玻璃管内将出现圆锥状的乳白色闪光现象，这就是临界乳光现象。这是由于 CO_2 分子受重力场作用沿高度分布不均以及光的散射所造成的，可以反复几次来观察这一现象。

b.整体相变现象：当 $T < T_c$ 时，气液的相互转化需要一定的时间，表现为一个渐变的过程；在临界点时（$T = T_c$，$P = P_c$），气化潜热等于零，饱和气相线与饱和液相线合于一点，此时，当压力稍有变化，气、液会以突变的形式互相转化。

c.气、液两相模糊不清的现象：处于临界点的 CO_2 具有共同参数（T_c，P_c，V_c），因而不能区别此时 CO_2 是气态还是液态。如果说它是气体，那么，这个气体是接近液态的气体；如果说它是液体，那么，这个液体又是接近气态的液体。处于临界温度附近，如果按等温线过程，使 CO_2 压缩或膨胀，则管内是什么也看不到的。现在，按绝热过程来进行。先调节压力至 7.8MPa 附近，突然降压（由于压力下降很快，毛细管内的 CO_2 未能与外界进行充分的热交换，其温度下降），CO_2 状态点不是沿等温线，而是沿绝热线降到二相区，管内 CO_2 出现明显的液面。这就是说，如果这时管内的 CO_2 是气体的话，那么，这种气体离液相区很接近，是接近液态的气体。当膨胀之后，突然压缩 CO_2 时，这个液面又立即消失了。这就告诉我们，这时 CO_2 液体离气相区也很接近，是接近气态的液体。此时 CO_2 既接近气态，又接近液态，所以只能是处于临界点附近。临界状态的流体是一种气、液分不清的流体。这就是临界点附近气、液模糊不清的现象。

(7)测定高于CO_2临界温度($T > T_c$)时的等温线。

将恒温水浴温度调至$T > T_c$,按上述方法和步骤测出等温线。

五、数据记录与处理

数据记录可参考表3-1—表3-3。

(1)计算质面比常数k值。

表3-1　k值测量参数记录表

温度/℃	压力/atm	Δh^*/mm	CO_2比容/$(m^3 \cdot kg^{-1})$	$k/(kg \cdot m^{-3})$

(2)记录不同温度下的P-h数据。

表3-2　不同温度下的P-h数据记录表

编号	温度							
	10℃		20℃		31.1℃		50℃	
	水银高/mm	压力/MPa	水银高/mm	压力/MPa	水银高/mm	压力/MPa	水银高/mm	压力/MPa
1								
2								
3								
4								
…								

(3)对记录数据进行处理并列入表格。

表3-3 不同温度下的绝对压力-比容数据记录表

编号	温度							
	10℃		20℃		31.1℃		50℃	
	比容/(m³·kg⁻¹)	绝对压力/MPa	比容/(m³·kg⁻¹)	绝对压力/MPa	比容/(m³·kg⁻¹)	绝对压力/MPa	比容/(m³·kg⁻¹)	绝对压力/MPa
1								
2								
3								
4								
…								

(4)作出 $V-P$ 曲线,并与理论曲线对比,分析其中的异同点。

六、实验结果和讨论

1.实验结果

绘出实验数据处理结果,并进行说明。

2.讨论

(1)试分析实验误差及引起误差的原因;

(2)指出实验操作应注意的问题。

3.思考题

(1)质面比常数 k 值对实验结果有何影响?为什么?

(2)为什么测量任意等温线时($T<T_c$),出现第一小液滴的压力和最后一个小气泡将消失时的压力应相等?试用相律($f=c-\pi+2$)分析。

七、注意事项

(1)实验压力不能超过9.8MPa。

(2)应缓慢摇进活塞螺杆,否则相平衡难以保持,难以保证恒温恒压条件。

(3)在将要出现液相,存在气、液两相,气相将完全消失以及接近临界点的情况下,升压间隔要很小,升压速度要缓慢。严格来说,温度一定时,在气、液两相同时存在的情况下,压力应保持不变。

(4)压力表读得的读数是表压,处理数据时应将其转化为绝对压力。

第二部分　化学反应工程实验

实验四　反应器返混性能测定

一、实验目的

(1)掌握停留时间分布的测定方法。

(2)了解停留时间分布与多釜串联模型的关系。

(3)了解模型参数 n 的物理意义及计算方法。

(4)了解釜式与管式反应器的特性。

二、实验原理

在连续流动的反应器内,不同停留时间的物料之间的混合称为返混。经研究发现,相同的停留时间分布可以有不同的返混情况,即返混与停留时间分布不存在一一对应的关系,因此不能用实验测定的停留时间分布的数据直接表示返混程度,而要借助于反应器数学模型来间接表达。

实验利用三釜串联装置或直管中的水为流动相,采用脉冲法注入饱和硝酸钾水溶液作为示踪剂,测定反应釜或直管中的物料的停留时间分布,用计算机控制示踪剂的加入,并实施数据采集,计算模型参数,从而分析并认识返混程度。

物料在反应器内的停留时间完全是一个随机过程,须用概率分布方法来定量描述。

由停留时间分布密度函数 $E(t)$ 的物理含义,可知

$$QE(t)\,\mathrm{d}t = vc(t)\,\mathrm{d}t \tag{4-1}$$

式中,Q 为示踪剂的量;t 为时间;v 为液体体积流量;$c(t)$ 为 t 时刻反应器内示踪剂的浓度。根据

$$Q = \int_0^\infty vc(t)\,\mathrm{d}t \tag{4-2}$$

可得

$$E(t) = \frac{vc(t)}{\displaystyle\int_0^\infty vc(t)\,\mathrm{d}t} \tag{4-3}$$

可见, $E(t) \in L(t)$, 这里 $L(t) = L(t) - L(\infty)$。$L(t)$ 为 t 时刻的电导值, $L(\infty)$ 为无示踪剂时的电导值。

停留时间分布密度函数 $E(t)$ 在概率论中有两个特征值——平均停留时间(数学期望) $\underline{t}$ 和方差 σ_t^2。

$\underline{t}$ 的表达式为

$$\underline{t} = \int_0^\infty tE(t)\,\mathrm{d}t = \frac{\displaystyle\int_0^\infty tc(t)\,\mathrm{d}t}{\displaystyle\int_0^\infty c(t)\,\mathrm{d}t} \tag{4-4}$$

采用离散形式表达, 并取相同时间间隔 Δt, 则

$$\underline{t} = \frac{\sum tc(t)\Delta t}{\sum c(t)\Delta t} \tag{4-5}$$

σ_t^2 的表达式为

$$\sigma_t^2 = \int_0^\infty (t - \underline{t})^2 E(t)\,\mathrm{d}t \tag{4-6}$$

其离散形式为

$$\sigma_t^2 = \frac{\sum t^2 c(t)\Delta t}{\sum c(t)\Delta t} - \underline{t}^2 \tag{4-7}$$

若用无量纲对比时间 θ 来表示, 即 $\theta = \dfrac{t}{\underline{t}}$; 无量纲方差 $\sigma_\theta^2 = \dfrac{\sigma_t^2}{\underline{t}^2}$。

σ_θ^2 与模型参数 n 的关系为

$$n = \frac{1}{\sigma_\theta^2} \tag{4-8}$$

当 $n = 1$ 时, $\sigma_\theta^2 = 1$, 为全混釜特征; 当 $n \to \infty$ 时, $\sigma_\theta^2 \to 0$, 为平推流特征。这里 n 是模型参数, 是个虚拟釜数, 并不限于整数。

三、实验装置及实验用品

(1)反应器返混性能测定流程如图4-1所示。

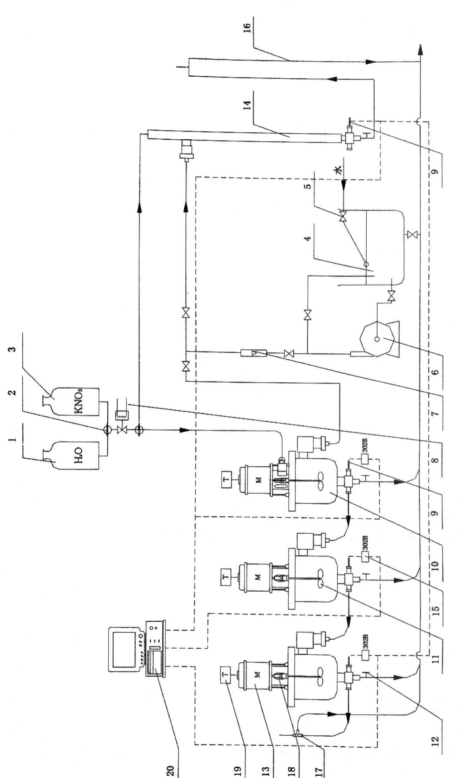

图 4-1 反应器返混性能测定实验流程图

1—清洗水储罐；2—三通阀；3—KNO₃溶液储罐；4—水槽；5—浮球阀；6—水泵；7—流量计；8—电磁阀；9—电导电极；10—釜；11—螺旋桨搅拌器；12—排放阀；13—搅拌马达；14—管式反应器；15—电导率仪；16—排液管；17—液位调节器；18—联轴器；19—调速器；20—微机系统。

（2）用饱和硝酸钾水溶液作为示踪剂。

（3）计算机及打印机。

四、实验步骤

（一）准备工作

（1）将饱和硝酸钾溶液注入标有"KNO_3"的储瓶内，将水注入标有"H_2O"的储瓶内。

（2）连接入水管线，打开自来水阀门，使管路充满水。

（3）检查电极导线的连接是否正确。

（二）三釜串联返混性能实验

（1）将电气面板的乒乓开关指向"釜1"。

（2）打开电导率仪，按下"测量/校正"按钮3s，使电导率仪处于测量状态，此时计算机软件上的"工艺流程"中，各釜的测量值由"校正"变成数字。

（3）打开电磁阀电源。

（4）旋转三通阀，使示踪剂流向指向三釜。

（5）打开水泵电源，关闭流向直管部分的调节阀，打开流向三釜部分的调节阀。调节旁路阀，观察转子流量计，调节水的流量为20L/h。

（6）打开搅拌调速器，使搅拌速度在300r/min左右。

（7）每天初次使用此设备时，应将电导率仪预热15—20min。

（8）在计算机软件上的"实时采集"中，点击"开始实验"，设定电磁阀开阀时间（5s左右）和操作员号。然后点击"确定"，使示踪剂以设定时间进入釜1中，同时用计算机采集各釜出口的电导率值，观察屏幕上的曲线是否正常。

（9）大约20min，待实验进行到釜3出口的电导率值和开始实验时釜3出口的电导率值相等时，即釜3出口电导率值不变时，停止数据采集。点击"停止按钮"，然后在看到是否保存的提示后，保存数据。

（10）在500r/min的搅拌速度下，重复两次操作。

（三）直管返混性能实验

（1）将电气面板的乒乓开关指向"直管"。

（2）打开电导率仪，按下"测量/校正"按钮3s，使电导率仪处于测量状态，此时计算机软件上的"工艺流程"中，直管的测量值由"校正"变成数字。

（3）打开电磁阀电源。

（4）旋转三通阀，使示踪剂流向指向直管。

（5）打开水泵电源，关闭流向釜1部分的调节阀，打开流向直管部分的调节阀。调节旁路阀，观察转子流量计，调节水的流量为20L/h。

（6）每天初次使用此设备时，应将电导率仪预热15—20min。

（7）在计算机软件上的"实时采集"中，点击"开始实验"，设定电磁阀开阀时间（5s左右）和操作员号。然后点击"确定"，使示踪剂以设定时间进入直管中，同时用计算机采集直管出口的电导率值，观察屏幕上的曲线是否正常。

（8）大约3min，待实验进行到直管出口的电导率值和开始实验时直管出口的电导率值相等时，即直管出口电导率值不变时，停止数据采集。点击"停止按钮"，然后在看到是否保存的提示后，保存数据。重复两次操作。

（四）停车

（1）实验完毕，将实验柜上的三通阀转至"H_2O"的位置，将程序中的"阀开时间"调到20s左右，按下"开始"按钮，冲洗电磁阀及管路。重复三四次。

（2）关闭各水阀和电源开关，打开釜底或管式反应器底部排水阀，将水排空。

（3）退出实验程序，关闭计算机。

五、实验数据记录与处理

（1）在计算机软件上的"历史记录"中点击"打开"，找到保存的文件名，打开数据文件，得到实验结果。

（2）点击"导出数据"，将本次数据的结果导出，以操作员指定的文件名、以Excel文件的形式将实验数据和结果保存下来。

（3）打印并记录相关数据结果。

六、实验结果与讨论

（一）填表

记录实验数据，参考表4-1和表4-2。

表4-1　三釜串联返混性能实验数据记录表

搅拌转速 /(r·min^{-1})	釜次	模型参数 n			水流量 /(L·h^{-1})
		第1次实验	第2次实验	实验平均值	
300	1				
	2				
	3				
500	1				
	2				
	3				

表4-2　直管返混性能实验数据记录表

模型参数 n		实验平均值	水流量/(L·h^{-1})
第1次实验	第2次实验		

（二）讨论

主要包括对实验数据、实验中的特殊现象、实验操作应注意的问题、实验的关键点、实验误差和引起误差的原因等内容进行整理、解释、分析总结,提出实验结论或提出自己的看法。

（三）思考题

(1)从三釜串联、直管返混性能实验中 n 的平均值看数据的规律,可以得到哪些结论?
(2)如何限制和加大返混程度?

七、注意事项

(1)实验装置中有部分零件为玻璃制品,操作过程中一定要小心。
(2)缓慢调节各种按钮、开关、阀门等。实验中需注意安全。

实验五　CO_2甲烷化反应动力学数据的测定

一、实验目的

(1)熟悉微型固定床反应器,掌握常见实验仪器的工作原理和使用方法。
(2)掌握测定气–固相催化反应动力学的基本理论和实验方法。
(3)分析消除内、外扩散对反应影响的实验方法。

二、实验原理

测定催化反应动力学数据和确定动力学方程中各参数的数值是化学动力学研究的重要内容,也是工业反应器设计的基础。本实验通过测定不同温度下、不同初始组成的CO_2甲烷化反应的转化率,掌握一种获得气固相催化反应速度常数以及吸附平衡常数的测定方法。实验原理如下:

二氧化碳与氢气在镍催化剂存在的情况下,进行如下甲烷化反应:

$$CO_2 + 4H_2 \Longrightarrow CH_4 + 2H_2O \qquad \Delta H_{298}^0 = -165.08 kJ/mol$$

催化剂以氧化镍为主要成分,氧化铝为载体,氧化镁或三氧化二铬为促进剂,在使用前,需将氧化镍还原成具有催化活性的金属镍。

反应的动力学方程为

$$r_{CO_2} = -\frac{dN_{CO_2}}{dW} = \frac{kp_{CO_2}^{1/3}p_{H_2}}{1 + K_{CO_2}p_{CO_2} + K_{H_2}p_{H_2} + K_{H_2O}p_{H_2O}}$$

由

$$-\frac{dN_{CO_2}}{dW} = \frac{V_0 y_{CO_2}^0 dx}{22.4 dW} \qquad (5-1)$$

可得

$$\frac{dx}{dW} = \frac{22.4}{V_0 y_{CO_2}^0} \cdot \frac{kp_{CO_2}^{1/3}p_{H_2}}{1 + K_{CO_2}p_{CO_2} + K_{H_2}p_{H_2} + K_{H_2O}p_{H_2O}} \qquad (5-2)$$

分离变量并积分得

$$W = \frac{V_0 y_{CO_2}^0}{22.4k} \int_0^x \frac{1 + K_{CO_2}p_{CO_2} + K_{H_2}p_{H_2} + K_{H_2O}p_{H_2O}}{p_{CO_2}^{1/3}p_{H_2}} dx \qquad (5-3)$$

因为二氧化碳甲烷化反应为变体积反应,各组分分压可表示为(假设混合气体在低压下符合道尔顿分压定律)

$$
\begin{cases}
p_{CO_2} = py_{CO_2} = \dfrac{py_{CO_2}^0(1-x)}{1+\delta_{CO_2}y_{CO_2}^0 x} \\[3mm]
p_{H_2O} = py_{H_2O} = \dfrac{2py_{H_2O}^0 x}{1+\delta_{CO_2}y_{CO_2}^0 x} \\[3mm]
p_{H_2} = py_{H_2} = \dfrac{p(y_{H_2}^0 - 4y_{CO_2}^0 x)}{1+\delta_{CO_2}y_{CO_2}^0 x}
\end{cases}
\tag{5-4}
$$

式(5-1)—式(5-4)中,k为反应速度常数;$K_i(i = CO_2,H_2O,H_2)$为各组分的吸附平衡常数;$y_{CO_2},y_{H_2O},y_{H_2}$为反应物瞬时摩尔分率;$y_{CO_2}^0,y_{H_2O}^0,y_{H_2}^0$为初始反应物摩尔分率;$V_0$为进口混合气体流量,单位为$N·m^3/h$;$W$为催化剂质量,单位为$g$;$\delta_{CO_2}$为该反应的化学膨胀因子,这里为$-2$。

反应速度常数和各组分的吸附平衡常数分别满足阿累尼乌斯方程和范特霍夫方程,即

$$k = k_0 e^{-E/RT}$$

$$K_i = K_{i,0} e^{-Ea_i/RT}$$

因此,动力学方程中共有8个待定参数。利用积分反应器测定不同温度、不同入口初始组成时二氧化碳的出口转化率x,以k_0,E,K_i,Ea_i为变量,以转化率x的计算值与实验值相对误差的平方和为目标函数,用参数估值的方法可得出各待定参数k_0,E,K_i,Ea_i的值。

三、实验装置及实验用品

(一)实验试剂与原料

催化剂以氧化镍为主要成分,氧化铝为载体,氧化镁或三氧化二铬为促进剂,在使用前,需将氧化镍还原成具有催化活性的金属镍。氮气、氢气和二氧化碳。

(二)实验仪器

实验中所使用的主要仪器:常压固定床评价装置,气相色谱。

四、实验步骤

实验流程见图5-1,反应管为$\phi 20 \times 3$不锈钢管,内径$\phi 14$,内装催化剂约$0.5g$(以实际称量值为准),催化剂粒度0.2—$0.3mm$,催化剂床层中部插有热电偶,并与测温仪表相连以测定反应温度。

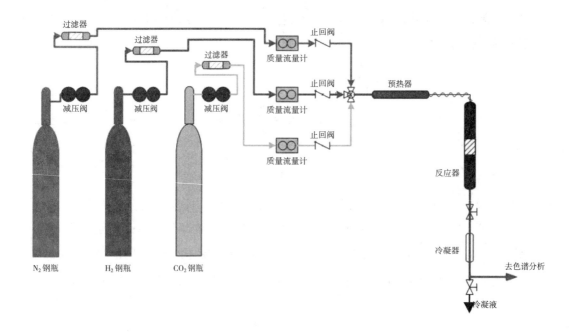

图 5-1　实验流程图

来自钢瓶的氮气、氢气和二氧化碳,分别经减压阀和过滤器后,用质量流量计调节流量。三股气体经过混合器进入预热器。经过预热的混合气体再进入反应器中反应,反应后的气体经冷却除去冷凝水后去气相色谱进行分析或放空。

（一）启动

按实验流程将反应管接入体系中,打开氮气、氢气和二氧化碳钢瓶的总阀门,用减压阀调节出口压力至0.1MPa。将控制柜各调节旋扭回零后,再按下控制柜开关,检查各仪表显示是否正常。

（二）系统试漏

将系统用氮气充压400mm水柱,封闭体系,若10min内压差不变,证明系统不漏气。否则,应仔细检查,消除漏点,重新试漏,直到合格为止。

（三）催化剂升温还原

准确称取催化剂0.5g(精确到小数点后三位),在教师指导下,将催化剂装入反应管内,然后将反应管接入系统。经再次试漏后,准备升温还原。

用质量流量计调节氮气流量为50mL/min,吹扫管道系统2min以除去管道内残余的空气。在氮气吹扫下,通过调节温控仪表,将预热器和反应器在15min内升温至300℃。然后,通入氢气还原催化剂,使反应器温度在1h升温至400℃,再恒温1h,还原结束。

(四)不同温度下二氧化碳转化率的测定

还原结束后将反应器温度降至240℃,调节氢气、二氧化碳和氮气流量,恒定15min后测定二氧化碳的转化率。改变组成或空速,继续测定,要求每一温度至少测定四点。在测定过程中,反应器温度必须恒定,温度波动不大于0.5℃,各气体流量必须稳定不变。同时要选择合适的空速或组成,使所测各点变换率在30%—70%之间。将炉温升高20℃左右,重复上述过程。要求至少测定四个温度下的数据。

五、实验数据记录与处理

按表5-1的格式详细记录数据。

表5-1　数据记录表

实验号	室温 /℃	反应床温度 /℃	CO_2流量 /(NmL·min^{-1})	H_2流量 /(NmL·min^{-1})	N_2流量 /(NmL·min^{-1})	反应后CO_2 干基摩尔分率
1						
2						
3						
...						

1.原料气中各组分摩尔分率的计算

$$y_i^0 = \frac{V_i^0}{\sum V_i^0} \ (i = H_2, N_2, CO_2) \tag{5-7}$$

式中,V_i^0为各气体体积流量,单位为mL/min。

2.计算二氧化碳转化率

$$x = \frac{y_{CO_2}^0 - y_{CO_2}'}{y_{CO_2}^0(1 - 4y_{CO_2}')} \times 100\% \tag{5-8}$$

式中,$y_{CO_2}^0$为反应原料气中CO_2的摩尔分率;y_{CO_2}'为反应器出口体中的CO_2的干基摩尔分率。

将以上计算结果记录于表5-2中,用于模型参数的估值。

表 5-2　数据处理表

实验号	反应床温度/℃	CO_2摩尔分率	H_2摩尔分率	N_2摩尔分率	反应后CO_2的转化率
1					
2					
3					
...					

编出模型参数估值的源程序,并在计算机上计算出不同温度下的反应速率常数和吸附平衡常数。

六、实验结果与讨论

主要包括对实验数据、实验中的特殊现象、实验操作的成败、实验的关键点等内容进行整理、解释、分析和总结,提出实验结论或提出自己的看法。

七、注意事项

(1)进入实验室须穿实验服,女生应扎起头发。

(2)在高压固定床使用过程中需进行气体检漏,应严格按照固定床的使用方法使用仪器,以保证实验的安全性。

(3)气相色谱使用过程中应严格按照其使用方法进行。

实验六　硫铁矿焙烧反应特性的测定

一、实验目的

（1）从动力学的角度分析硫铁矿石焙烧的反应速率与机理。

（2）了解在改变反应温度、反应物料粒度、反应物的比例（空气流量）等因素的条件下焙烧反应速率的变化规律。

（3）掌握提高焙烧反应速率的途径。

二、实验原理

硫铁矿的焙烧反应极为复杂，随着条件不同而得到不同的反应产物。其过程可以分为以下几个步骤。

1.硫铁矿中的有效成分 FeS_2 的热分解

$$2FeS_2 =\!=\!= 2FeS + S_2$$

这是吸热反应，温度越高，对 FeS_2 的分解反应越有利。温度高于400 ℃时，FeS_2 开始分解，500 ℃时较为显著。

2.分解出的单体硫与空气中的氧发生燃烧反应，生成二氧化硫

$$S + O_2 =\!=\!= SO_2$$

3.FeS 的氧化

这个过程是很复杂的。温度高于600 ℃，剩下的 FeS 在氧分压为3.04 kPa（0.03 atm）以上，即空气过剩量比较大时，生产红棕色烧渣：

$$4FeS + 7O_2 =\!=\!= 2Fe_2O_3 + 4SO_2$$

氧含量在1%左右，即氧含量不足时，则生成棕黑色的磁性烧渣：

$$3FeS + 5O_2 =\!=\!= Fe_3O_4 + 3SO_2$$

燃烧过程的总方程式如下：

空气过剩量比较大时，生成三氧化二铁：

$$4FeS_2 + 11O_2 =\!=\!= 2Fe_2O_3 + 8SO_2$$

空气过剩量不足时，生成四氧化三铁：

$$3FeS_2 + 8O_2 \xrightarrow{\hspace{1cm}} Fe_3O_4 + 6SO_2$$

生成四氧化三铁的有利条件是高温、SO_2 含量高以及未燃烧的硫铁矿含量相当大等。从炉中出来的气体,一般约含 0.5% 的 SO_3,炉气中 SO_3 的含量与焙烧温度、焙烧炉的结构以及炉气和矿渣的接触时间等有关。

硫铁矿的燃烧速率与硫铁矿的硫含量、矿粒度、焙烧区内氧的浓度、温度和炉料被搅动的强度等因素有关。硫铁矿的组成、晶体结构以及所含的各种杂质及其含量对燃烧过程的速度也有影响。

三、实验装置及实验用品

(一)实验装置

实验装置如图6-1所示。

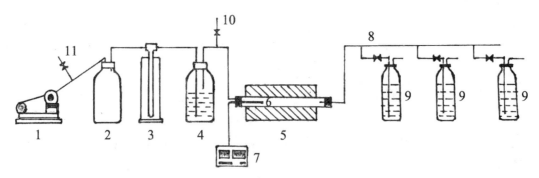

1—鼓风机;2—缓冲器;3—流量计;4—干燥瓶;5—管式炉;6—热电偶;

7—电流计;8—梳形管;9—吸收瓶;10—旋塞;11—螺旋夹。

图6-1 实验装置示意图

(二)流程说明

如图6-1所示,由鼓风机供给硫铁矿焙烧用的空气,空气通过缓冲器进入装有干燥剂的干燥瓶。干燥后的空气以一定的气流速度进入管式炉内。空气的流速用流量计测定。

管式炉上备有热电偶,热电偶应当插入硫铁矿焙烧区内。

硫铁矿的焙烧产物依次通过梳形管上的旋塞,进入与梳形管相连的三个(或更多)吸收瓶中进行吸收。

（三）实验用品

硫铁矿；碘化钾；碘；0.1mol/L硫代硫酸钠标准溶液；淀粉；0.05mol/L盐酸。

四、实验步骤

（1）按图6-1所示的实验装置示意图组装实验装置。

（2）检查实验装置的气密性。将螺旋夹完全打开，开动鼓风机，小心用手调节螺旋夹，逐渐调大空气流量，经缓冲器、流量计、干燥瓶、梳形管后，调节旋塞使气体逐次通入其中一个吸收瓶，检查各设备、管线、接头是否漏气。如果漏气，需维修和处置。

（3）用移液管取0.5N的标准碘液装入吸收瓶中，向碘液中加入0.5mL淀粉溶液，再加入去离子水至瓶身2/3高度。

（4）用托盘天平称取3—5mm的矿样3—5g，装入瓷舟中。

（5）实验时，管式炉的电热丝与电源接通。当炉内温度达到所需值时，将三通旋塞开向大气，然后开动鼓风机（开动鼓风机时，螺旋夹应完全打开）。根据流量计，小心用手调节螺旋夹，使空气量达到所需要的流速。

（6）将用瓷舟称好的矿样送入炉子中部。将硫铁矿装入瓷管后，用橡皮塞将管密封，橡皮塞上有一玻璃管，燃烧产物通过此管送入下一环节。

（7）调节三通旋塞，使气体通入梳形管，将焙烧气体产物导入其中一个吸收瓶进行吸收。

（8）将空气送入炉中，再用螺旋夹调节，并维持所规定的空气流量。

（9）将空气送入炉中的瞬间，记下时间，作为实验开始的时间，同时记录实际的焙烧温度。

随着硫铁矿中硫的烧出，吸收瓶里的碘量逐渐减少。观察溶液颜色的变化，从深棕色到浅棕色，到淡黄色，最后完全褪色。记录第一个吸收瓶内碘液褪色的时间，将炉气导入下一个吸收瓶，然后进行同样的操作。再换新的标准碘液。

在吸收瓶内，装入10—30mL 0.5N的碘液，以及50—60mL的蒸馏水，碘的用量取决于硫铁矿称样的重量，以使褪色时间不会过短为宜。

实验进行到硫完全烧出时为止，然后改变初始条件（温度、粒度和空气流量）重新进行测定。实验在下列条件下进行：

1. 硫铁矿粒度的影响

在一定温度（例如500℃）和一定空气流量（例如400mL/min）的条件下，研究矿粒度对烧出率的影响。

2. 焙烧温度的影响

在矿粒度一定和空气流量一定（例如400mL/min）的条件下，研究焙烧温度对烧出率的影响。

3.空气流量的影响

在矿粒度一定和温度一定的条件下,研究空气流量对烧出率的影响。

五、实验数据记录与处理

(一)实验结果记录

将实验结果按表6-1、表6-2的格式记录和整理。

表6-1 原始数据记录表

实验序号	温度/℃	空气流量/(L·min⁻¹)	矿石粒度/mm	1号吸收瓶褪色时间/s	2号吸收瓶褪色时间/s	3号吸收瓶褪色时间/s	备注

表6-2 硫烧出率测定实验记录表

实验序号	硫铁矿量/g	硫含量/%	理论上SO_2量/g	0.5 N的碘液量/mL	硫的烧出量		硫的烧出率/%	备注
					时间/分	SO_2/g		

（二）实验数据处理

根据褪色的碘液量可计算出在一段时间内生成的SO_2量，将此量与硫的烧出值（根据硫铁矿中硫的含量计算）相比，即可求出在一定的焙烧时间内硫含量的烧出百分率。

例：假设装入炉中含硫40%的硫铁矿5g，理论上可获得的SO_2的量为：

$$\frac{40\% \times 5 \times 64}{32} = 4 \text{ g}$$

式中，64为SO_2的分子量，32为硫的原子量。

若吸收瓶里装有30mL 0.5N的碘液，且在3min内退色，根据反应式

$$I_2 + SO_3^{2-} + H_2O = SO_4^{2-} + 2I^- + H^+$$

使溶液褪色的SO_2量等于

$$\frac{64}{2} \times 0.001 \times 0.5 \times 30 = 0.48 \text{ g}$$

式中，$\frac{64}{2} \times 0.001$为$SO_2$的毫克当量。

因此，在最初的3min内，硫的烧出率为

$$\frac{0.48}{4} \times 100\% = 12\%$$

假定下一份碘溶液在5min内褪色，则在8min内的总烧出率已达24%。其余的数值可用同样的方法计算，并根据实验数据在坐标图上绘制出硫的烧出率与时间的关系图。

六、实验结果与讨论

（1）通过硫的烧出率与时间的关系图，总结在不同焙烧的条件下，硫的烧出率与时间变化的规律。

（2）误差分析。对实验过程中出现的数据误差的原因进行分析和讨论。

七、注意事项

（1）硫铁矿送入炉管中后，应及时送入空气，以免形成升华硫从而堵塞梳形管。

（2）称矿样时要选矿，以免混入含硫很少的石子，影响测定效果。

（3）碘液装瓶量从多到少，每个吸收瓶内的碘液液位不能太高也不宜太低，液位通常为瓶身高度的1/2—2/3。

（4）本实验有高温操作，请注意安全，做好相应的防护，避免烧伤。

第三部分　化工分离技术实验

实验七　反应精馏耦合萃取制备乙酸乙酯

一、实验目的

(1)了解精馏塔的构造和原理。

(2)掌握反应精馏操作的原理和步骤。

(3)了解反应精馏与常规精馏的区别,总结反应精馏在成本和操作上的优越性。

(4)根据实验现象,学会分析反应过程,并掌握用气相色谱对组分的组成情况进行分析的方法。

二、实验原理

1.反应精馏原理

反应精馏是随着精馏技术的不断发展与完善而发展起来的一种新型分离技术。通过对精馏塔进行特殊改造或设计,使用不同形式的催化剂,可以使某些反应在精馏塔中进行,同时进行产物和原料的精馏分离。它是精馏技术中的一个特殊领域。

在反应精馏操作过程中,由于化学反应与分离同时进行,产物通常被分离到塔顶,从而使反应平衡被不断破坏,造成反应平衡中的原料浓度相对增加,使平衡向右移动,故能显著提高反应原料的总体转化率,降低能耗。同时,由于产物与原料在反应中不断被精馏塔分离,也往往能得到较纯的产品,减少了后续分离和提纯工序的操作和能耗。此法在酯化、醚化、酯交换、水解等化工生产中得到应用,而且越来越显示其优越性。

反应精馏过程不同于一般精馏,它既有精馏的物理相变之传递现象,又有物质变性的化学反应现象。两者同时存在,相互影响,使过程更加复杂。在普通的反应合成酯化、醚化、酯交换、水解等过程中,反应通常在反应釜内进行,而且随着反应的不断进行,反应原料的浓度不断降低,为了控制反应温度,也需要不断地用水进行冷却,造成了水的消耗。反应后的产物一般需要进行两次精馏,先把原料和产物分开,然后再次精馏提纯产品。在反应精馏过程中,由于反应发生在塔内,反应放出的热量可以作为精馏的加热源,减少了精馏塔塔釜的加热蒸汽。而在塔内进行的精馏,也可以使塔顶直接得到较高浓度的产品。一般说来,反应精馏对下列两种情况特别适用:

(1)可逆平衡反应。一般情况下,反应受平衡影响,转化率最大也只能是平衡转化率,实际反应中转化率只能维持在低于平衡转化率的水平。因此,产物中不但含有大量的反应原料,而且往往为了使其中一种价格较贵的原料尽可能反应完全,通常会使一种物料大量过量,造成后续分离过程的操作成本提高、难度加大。而在精馏塔中进行的酯化或醚化反应,往往因为生成物中有低沸点或高沸点的物质存在,多数会和水形成最低共沸物,可以通过精馏塔顶连续不断地从系统中排出,使塔中的化学平衡发生变化,永远达不到化学平衡,从而导致反应不断进行,不断向右移动,最终结果是反应原料的总体转化率超过平衡转化率,大大提高了反应效率,减少了能量消耗。同时由于在反应过程中发生了物质分离,也就减少了后续工序分离的步骤和消耗,在反应中就可以采用近似理论反应比的配料组成,这样既降低了原料的消耗,又减少了精馏分离产品的处理量。

(2)异构体混合物的分离。通常因它们的沸点接近,靠精馏方法不易分离提纯,若异构体中某组分能发生化学反应并能生成沸点不同的物质,这时可在过程中得以分离。

本实验为乙醇和乙酸的酯化反应,该反应若无催化剂存在,单独采用反应精馏操作达不到高效分离的目的,这是因为反应速度非常缓慢,故一般都采用催化反应的方式。酸是有效的催化剂,常使用硫酸,其浓度为原料乙酸质量的0.2%—0.5%(wt%),反应随酸浓度的增高而加快。由于其催化作用不受塔内温度的限制,在整个塔内都能进行催化反应。

本实验是以乙酸和乙醇为原料,在浓硫酸催化剂的作用下生成乙酸乙酯的可逆反应。反应的化学方程式为

$$CH_3COOH + CH_3CH_2OH \Longrightarrow CH_3COOCH_2CH_3 + H_2O$$

2. 间歇操作原理

间歇反应时,向塔釜一次性加入原料的混合物和催化剂,然后加热到反应温度进行反应。反应完全发生在塔釜内,反应生成的产物在塔内发生分离,轻组分乙酸乙酯和水的共沸物不断向上移动,并最终从塔顶排出。而塔釜内的乙醇和乙酸,随着反应的进行,浓度不断降低,水量不断增加,反应温度也慢慢升高。当塔釜温度达到95℃时,可以停止实验过程。

3. 连续操作原理

连续操作时,乙醇及乙酸混合催化剂浓硫酸分别用蠕动泵计量后进料。从塔的下部某处(一般在从下数第一或第二个进料口处)连续加入乙醇,作为反应的原料之一。与此同时,已

经按比例添加好浓硫酸催化剂的乙酸,在塔上部某侧口(一般在从上数第一或第二个进料口处)加入。乙醇的流量一般为1—4mL/min,乙酸的用量可以按照理论值计算出来,一般乙醇和乙酸的摩尔比约为1.05:1.0。浓硫酸按应加入乙酸理论重量的比例加入,一般在0.2%—0.5%(wt%),加入量越大,反应速度越快。例如,在原料瓶中加入乙酸500mL,向原料乙酸中加入浓硫酸15滴,乙醇500mL。当乙醇的流量为2.1mL/min时,乙酸的流量为2.0mL/min,折算为蠕动泵转速是8r/min。

在塔釜沸腾的状态下,塔内轻组分乙醇汽化,逐渐向上移动,同时含浓硫酸的乙酸重组分向下移动,在填料表面,乙醇和乙酸充分接触,并发生酯化反应,生成水和乙酸乙酯。具体地说,在精馏塔内,乙酸从上段向下段移动(浓度越来越小),与向塔上段移动的乙醇(浓度越来越小)接触,在不同填料高度上均发生反应,生成酯和水。塔顶乙酸的浓度最高,并形成过量,而塔釜或底部乙醇的浓度也最高,并对乙酸过量。塔内此时有四组分,分别为乙醇、乙酸、水和乙酸乙酯。乙酸在气相中有缔合作用,除乙酸外,其他三个组分形成三元或二元共沸物。反应中应控制塔釜温度不超过95℃,这样反应产生的水就能不断流到塔釜。若控制反应原料比例为近似理论比,可使乙酸和乙醇几乎全部转化。因此,可认为反应精馏的分离塔也是反应器,最后塔顶不断得到浓度较高的乙酸乙酯和水的混合物,而塔釜经侧支口不断排出反应生成的水。

间歇和连续式反应,最后在塔顶得到的都是含有乙酸乙酯的混合物,通常可加入少量的水(约50—150g),使产品分层,上层为乙酸乙酯,下层为含少量乙酸乙酯的水。

三、实验装置及实验用品

实验工艺流程如图7-1所示。

反应精馏的精馏柱为内径φ20mm,填料层高1.3m,填料为φ3玻璃弹簧填料。塔外壁镀透明金属导电膜保温,通电流使塔身加热保温,上下导电膜功率各300W。塔釜为四口1000mL的烧瓶,其中的一个口与塔身相连,侧面的一口为测温口,用于测量塔釜液相的温度,另一口作为釜液溢流/取样口,还有一口与U型管压差计连接。塔釜配有电加热套,加热功率连续可调。经加热沸腾后的蒸汽通过填料层到达塔顶,塔顶冷凝液体的回流采用摆锤式回流比控制器操作,控制系统由塔头上摆锤、电磁铁线圈、回流比计时器组成,控制灵敏准确,回流比可调范围大。

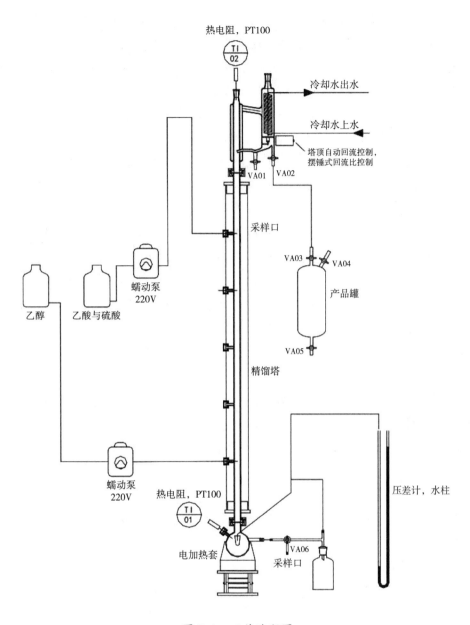

图7-1　工艺流程图

四、实验步骤

(一)间歇操作

(1)分别用量筒量取约170mL乙酸(99.5%)、约180mL乙醇(99.7%),分别加入两只250mL

烧杯中,并在天平上用滴管继续加入乙酸、乙醇,直到乙酸为180.0g、乙醇为150.0g,用滴管在乙酸中加入浓硫酸5—10滴,然后把乙醇和乙酸一起加入1000mL的塔釜中。

注:通常乙醇的摩尔数和乙酸的摩尔数之比约为1.05:1.0,浓硫酸按应加入乙酸的理论重量的比例加入,一般在0.2%—0.5%(wt%),加入量越大,反应速度越快。可以根据实验时间调整浓硫酸的加入量。

(2)打开塔顶冷却水,打开电加热套,并使用40%—60%的功率加热,在塔釜温度达到60℃时,分别开启塔的上、下段保温,调节保温电流,建议夏季保温电流在0—0.2A之间,冬季在0.2—0.4A之间。记录实验开始的时间,每隔10min记录一次塔顶温度、塔釜温度、保温电流、塔釜加热功率。

(3)在塔釜内蒸汽开始上升时,能观察到塔壁从下到上慢慢被润湿。在蒸汽到达塔顶时,塔顶温度快速上升,此时能观察到回流头有液体回流。在塔顶开始出现回流后,保持全回流15min,使塔内填料被充分润湿。调节回流比为3—5,此时,能观察到回流头的摆锤开始来回摆动,有液体开始流入塔顶产品罐中,保持这个回流比操作。同时,注意观察塔釜温度及液面,若塔釜温度突然升高,超过了90℃,反应可能接近终点。在塔釜内的液面不能足够循环时,可以停止采出,关闭回流比,使塔为全回流操作,关闭塔身保温加热。关闭塔釜加热,停止通冷却水。

(4)分别将塔顶产品罐内的产品、塔釜的液体取出并称重,然后用色谱进行分析。

(5)向装有塔顶产品的烧杯中加入适量蒸馏水,充分振荡,然后转移到分液漏斗中,放置在试管架上静置分层,分层后取出上层油相物质称重。

(二)连续操作

(1)操作前在釜内加入200g接近稳定操作组成的釜液(可来自间歇实验平衡后的釜液),并分析其组成。

(2)在原料瓶中加入乙酸500mL,向乙酸中加入浓硫酸15—20滴,乙醇500mL。检查进料系统各管线是否连接正常。设置乙醇流量为2.1mL/min,并将管路中的气泡排净,让液体充满管路,然后关闭蠕动泵。乙酸流量为2.0mL/min,折算为蠕动泵转速为8r/min。确认无误后打开蠕动泵,调节泵的流量,给定转速,让液料充满管路各处后停泵。

(3)开塔头冷却水。开启电加热套,使用50%—60%的功率加热(注意不要使电流过大,以免设备突然受热而损坏)。待釜液沸腾,开启塔身保温电源,调节保温电流,建议夏季保温电流在0—0.2A之间,冬季在0.2—0.4A之间。其中下段加热电流应该大于上段加热电流。

(4)当塔头有液体出现时,待全回流10—15min后开始进料,实验按规定条件进行。一般可把回流比给定在3—5。进料后仔细观察塔底和塔顶温度,每10min记录一次温度数据,及时调节进出料,当釜液液位较高时,需要通过旋转侧支口玻璃旋塞不断排出反应生成的水,使塔处于平衡状态。每隔30min用小样品瓶取塔顶与塔釜流出液,称重并分析组成。

(5)在稳定操作下,用微量注射器在塔身不同高度取样口取液样,将液样注入色谱仪内,获得塔内组分浓度分布曲线。

(6)待塔釜温度超过90℃以上时,停止塔釜加热,关闭冷却水。将塔顶产品罐内的产品倒入烧杯,加入适量的蒸馏水,充分振荡,然后加入分液漏斗中,放置在试管架上静置分离20—30min。仔细放出分液漏斗下部的水并准确称重,然后对上部的产品乙酸乙酯也进行准确称重,分别用色谱进行分析。最少重复分析两次。

注意:本精馏操作是在常压下进行的,塔釜压差计的主要作用是防止加热功率过大,在短时间内产生大量蒸汽,发生危险。通常在控制得当的情况下,釜内压力约为20—50mm水柱,200—500Pa,没有爆炸危险。当釜内温度高于95℃时,应该停止塔釜加热。

五、实验数据记录与处理

根据实验内容,参考表7-1和7-2记录实验数据。

表7-1 实验结果数据记录表

乙醇加入量/g	乙酸加入量/g	塔顶产品/g	塔釜液体/g

表7-2 反应温度原始记录表

时间/min	塔釜温度/℃	塔顶温度/℃	下段电流/A	上段电流/A	回流比
0					
10					
20					
30					
40					
50					
60					
...					

表7-3   组分组成原始数据表

组分	水含量/%	乙醇含量/%	乙酸含量/%	乙酸乙酯含量/%
塔顶产品(第一次分析)				
塔顶产品(第二次分析)				
塔釜液相(第一次分析)				
塔釜液相(第二次分析)				

六、实验结果与讨论

(1)根据色谱检测数据进行全塔物料衡算。

(2)对乙酸乙酯的收率进行计算。

(3)对实验误差进行分析讨论。

七、注意事项

(1)本实验需要用浓硫酸作为催化剂,取用时请做好个人防护;

(2)实验中在取样分析时会接触高温,请注意避免烫伤。

实验八 变压吸附制氮

一、实验目的

(1)理解变压吸附理论。

(2)了解变压吸附分离技术的应用领域及变压吸附设备,能够熟练操作变压吸附设备。

(3)掌握吸附压力、循环周期、产品气流量对产品氮气浓度的影响。

(4)掌握单塔穿透实验的测试方法,并绘制穿透曲线。

二、实验原理

(一)变压吸附现象

吸附是一个复杂过程,存在着化学和物理吸附现象,而变压吸附则是纯物理吸附,整个过程均无化学吸附现象存在。

众所周知,当气体与多孔固体吸附剂(如活性炭类)接触,因固体表面分子与内部分子不同,具有剩余的表面自由力场(或称表面引力场),因此气相中可被吸附的组分分子碰撞到固体表面后即被吸附。当吸附于固体表面的分子数量逐渐增加并将要被覆盖时,吸附剂表面的再吸附能力下降,失去了吸附能力,此时即达到吸附平衡。

变压吸附在化工、轻工、炼油、冶金和环保等领域都有广泛的应用。如气体中水分的脱除,气体混合物的分离,溶剂的回收,水溶液或有机溶液的脱色、除臭,有机烷烃的分离,芳烃的精制等。

(二)变压吸附原理

变压吸附是在较高压力下进行吸附,在较低压力下使吸附的组分解吸出来。从图8-1可以看出吸附量与分压的关系,升压吸附量增加,而降压可使吸附分子解吸,但解吸不完全,故用抽空方法实现脱附解吸并使吸附剂再生。

吸附—解吸的压力变换为反复循环过程,当被处理的吸附混合物中有强吸附质和弱吸附质存在时,强吸附质被吸附,弱吸附质被强吸附质取代而排出。在吸附床未达到吸附平衡时,弱吸附质可不断排出,并且被提纯。具体过程如图8-2所示。

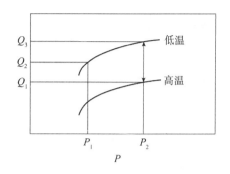

图8-1 变压吸附的吸附等温线

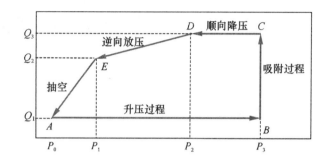

图8-2 真空解吸变压吸附的基本过程

(1)升压过程($A\rightarrow B$):经真空解吸再生后的吸附床处于过程的最低压力P_0,床内杂质吸留量为Q_1(A点),在此条件下让其他塔的吸附出口的气体进入该塔,使塔压升至吸附压力P_3,床内杂质吸留量Q_1不变(B点)。

(2)吸附过程($B\rightarrow C$):在恒定的吸附压力下,原料气不断进入吸附床,同时输出产品组分,吸附床内杂质组分的吸留量逐步增加,当达到规定的吸留量Q_3时(C点)停止进入原料气,吸附终止,此时吸附床上部仍预留有一部分未吸附杂质的吸附剂。

(3)顺向降压过程($C\rightarrow D$):沿着进入原料气输出产品的方向降低压力,流出的气体仍为产品组分,这部分气体用于其他吸附床升压或冲洗。在此过程中,随着床内压力不断下降,吸附剂上的杂质被不断解吸,解吸的杂质又继续被吸附床上部未充分吸附杂质的吸附剂吸附,因此杂质并未离开吸附床,床内杂质吸留量Q_3不变。当吸附床降压到D点时,床内吸附剂全部被杂质占用,此时压力为P_2。

(4)逆向放压过程($D\rightarrow E$):逆着进入原料气输出产品的方向降低压力,直到变压吸附过程的最低压力降为P_1(通常接近大气压力),床内大部分吸留的杂质随气流排出器外,床内杂质吸留量为Q_2。

(5)抽空过程($E\rightarrow A$):根据实验测定的吸附等温线,在压力P_1下吸附床仍有一部分杂质吸留量,为使这部分杂质尽可能解吸,要求床内压力进一步降低。在此利用真空泵抽吸的方法降低床层压力,从而降低杂质分压使杂质解吸并随抽空气带出吸附床。抽吸一定时间后,床内压力降为P_0,杂质吸留量降低到过程的最低量Q_1时,再生结束。至此,吸附床完成了一个吸附—解吸再生过程,准备再次升压进行下一个循环。当被处理的吸附混合物中有强吸附质和弱吸附质,而强吸附质被吸附使弱吸附质在加压条件下不被吸附而排出,利用这一规律就可提纯弱吸附质。而强吸附质达到吸附平衡后,可通过真空操作解吸出来,纯度也得到了提高。当多吸附床联合操作,并采用多自动阀门转换时,即可一端出高浓度的弱吸附质,另一端出高纯度的强吸附质。

(三)变压吸附制氮气原理

变压吸附空分制氮技术是以压缩空气为原料,利用吸附剂对氮和氧的选择性吸附特性,把空气中的氮和氧分离出来,从而获得高浓度的氮气的方法。吸附剂采用碳分子筛,碳分子筛对氮和氧的吸附速率相差很大,如图8-3所示,在短时间内,对氧的吸附速度大大超过对氮的吸附速度,利用这一特性来完成氮氧分离。在一定压力下,压缩空气经过装填碳分子筛的吸附塔,氧气被快速吸附,而高浓度的氮气作为产品气从吸附塔顶端排出,这一过程叫作加压吸附。一段时间后,分子筛对氧的吸附达到平衡,根据分子筛在不同压力下吸附氧气量不同的特性,降低压力以解除分子筛对氧气的吸附,将氧气排出室外,这个过程称为减压再生(为了使碳分子筛更加彻底地解吸再生,可对碳分子筛进行抽真空解吸或者产品气吹扫)。本实验装置采用两台吸附塔并联,交替进行加压吸附和减压再生过程,以获得连续的氮气。

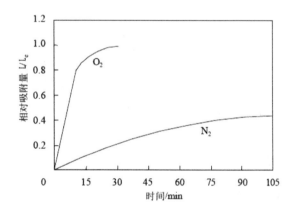

图8-3 碳分子筛对氮和氧的吸附动力学曲线

三、实验装置

变压吸附实验装置工艺流程见图8-4。

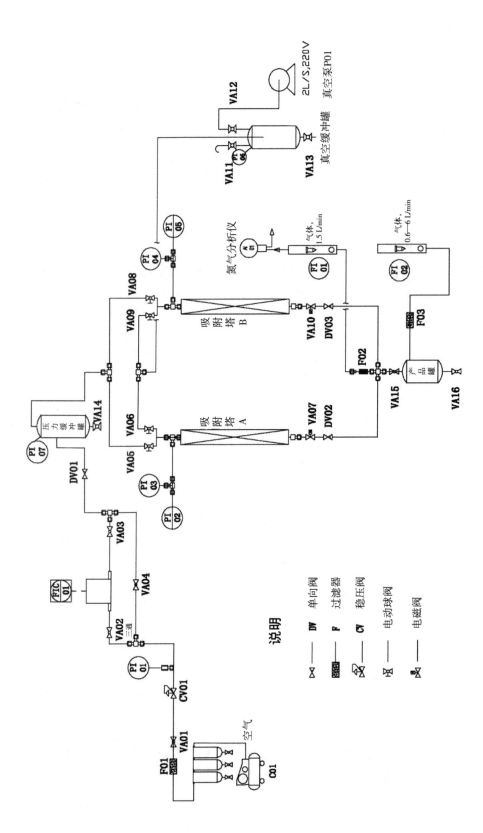

图 8-4　变压吸附实验装置工艺流程图

主气路吸附:空气压缩机压缩空气,通过的路径为过滤器→进口阀→稳压阀→质量流量计→单向阀→三通电磁阀VA05(或VA06)→吸附塔A(或B)→两通电磁阀VA07(或VA08)→单向阀→产品罐→放空。

主气路解吸:吸附塔A(或B)内气体通过的路径为三通电磁阀VA05(或VA06)→真空缓冲罐→真空泵→放空。

侧线气路:从吸附塔出口或产品罐出口通过的路径为转子流量计FI01→氮气分析仪→放空(或转子流量计FI02)。

该装置的基本流程为:

$$空气压缩机 \rightarrow 质量流量计 \rightarrow 吸附塔A/B$$

氮分析仪←氮气产品罐← → 真空缓冲罐→真空泵

空气经压缩机压缩至一定压力,经过分水器后进入由碳分子筛吸附塔组成的变压吸附分离系统,压缩空气从吸附塔顶端进入,空气中的氧气、二氧化碳和水分被吸附剂选择性吸附,其余组分(主要是氮气)则从吸附塔底部流出,经氮气产品缓冲罐后输出。之后,吸附塔减压解吸,脱除所吸附的杂质组分,完成分子筛的再生。吸附塔循环交替操作,连续送入空气,连续产出氮气。氮气经计量及氮气分析仪分析纯度后放空。上述过程由两个三通电磁阀控制,三通电磁阀的工作原理如图8-5所示。

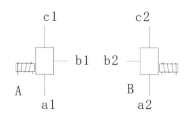

图8-5 三通电磁阀工作原理示意图

自动工作状态:吸附塔A的电磁阀VA05通道a1、c1开启,等待时间设定为0s,吸合时间设定为30s,电磁阀VA07的等待时间设定为5s,吸合时间设定为25s(吸附塔A吸附);同时电磁阀VA06的a2、b2接通,等待时间设定为30s,吸合时间设定为30s,电磁阀VA07的等待时间设定为35s,吸合时间设定为25s(此时真空泵开启进行吸附塔B的解吸)。以60s为一个周期,如此交替往复。

四、实验步骤

(一)实验前准备

(1)吸附塔吸附剂装填:吸附塔上、下配四氟密封垫,以螺纹压紧密封,接口为6mm双卡套连接,出口内置20目不锈钢丝网密封。拆装时拆掉进气口、测压口、出气口处的6mm双卡套连接,打开上、下固定卡具,吸附塔便可取下,使用扳手或管钳可拧开上下螺纹口,进行吸附剂的装填与取出。安装时可逆操作装回。

(2)装置试漏操作:按流程图连接好管路,关闭真空缓冲罐放空阀,打开空气压缩机,对装置进行充压,通过气体稳压阀调节进入吸附器的压力,调节进气量。打开电磁阀,通入0.2MPa压力气体,关闭系统出气口阀门,检查系统气密性,如5min内压力下降,用肥皂水涂拭各接点,直至找出漏点,使系统不漏气为止。

(二)穿透曲线的测定

(1)装置上电后进行试漏操作。

(2)真空解吸操作:以吸附塔A为例,开启真空泵电源,开启前放净真空缓冲罐内存液,再关闭放空阀VA11、放净阀VA13,打开真空阀VA12;手动设定三通电磁阀VA05的a1、b1通道开启即释放,VA06的a2、c2通道开启即吸合,对吸附塔A进行抽真空解吸操作,当吸附塔A内的压力示数不变时认为抽真空基本彻底,关闭阀门VA12,关闭真空泵,打开阀门VA11。

(3)穿透曲线的测定:开启空气压缩机,通过稳压阀CV01调节至一定压力P_i,开启电磁阀VA05的a1、c1通道及VA07;开启阀门VA01以一定流量F_0向吸附塔A内冲入P_i压力下的压缩空气,打开出口流量计并调到一定流量F_1,每2s通过氮气分析仪记录氮气的出口浓度C_{N_2},直至氮气出口浓度C_{N_2}达到原料空气中的氮气浓度C_{0N_2}(空气中的氮气浓度按78.01%计算)时停止实验,关闭进口阀门VA01。记录入口流量F_0和出口流量F_1以及吸附压力P_i。

(4)穿透曲线的绘制:以单塔塔顶出口氧气浓度C_{O_2}与原料气中的氧气浓度C_{0O_2}(空气中的氧气浓度按21%计算)的比值为纵坐标,以时间为横坐标绘制穿透曲线,即C_{O_2}/C_{0O_2}~t曲线。

$$\frac{C_{O_2}}{C_{0O_2}} = \frac{1 - C_{N_2}}{C_{0O_2}}$$

注意:由于产品缓冲罐内含有一定空气,所以在用此种方法作穿透曲线的时候,出口处的氮气浓度先升高后降低。开始时氮浓度升高是因为空气中的氧气被吸附,后来氮浓度降低是因为吸附塔内的吸附剂吸附的氧气渐渐饱和,所以在绘制穿透曲线时应注意,氮气浓度降低前认为吸附塔没有穿透,而在这之前的氮气浓度按照实验实测的最大浓度计算。

(三)变压吸附制氮气

(1)装置上电进行试漏操作。

(2)在线测试:打开变压吸附实验装置测试软件,进行在线测试与记录。

(3)设定三通电磁阀VA05、VA06的工作状态。

手动控制:吸附塔A吸附时,电磁阀VA05的a1、c1通道开启即吸合,电磁阀VA07开启即吸合,设定二者阀门工作状态为吸合,同时吸附塔B解吸,电磁阀VA06的a2、c2通道关闭即释放,电磁阀VA08关闭,设定二者阀门工作状态为释放;吸附塔B吸附时,电磁阀VA06的a2、c2通道开启即吸合,电磁阀VA08开启即吸合,设定二者阀门工作状态为吸合,同时吸附塔A解吸,电磁阀VA05的a1、c1通道关闭即释放,电磁阀VA07关闭,如此循环往复操作。(以上时间均为建议值,可根据实验情况调整。)

自动控制:设定电磁阀VA05的等待时间为0s,吸合时间为30s,电磁阀VA07的等待时间为5s,吸合时间为25s,电磁阀VA06的等待时间为30s,吸合时间为30s,电磁阀VA08的等待时间为35s,吸合时间为25s,如此60s为1个循环周期。吸附塔A吸附时,吸附塔B解吸;吸附塔B吸附时,吸附塔A解吸。如此循环往复切换。(以上时间均为建议值,根据现场情况调整。)

(4)真空泵操作:开启真空泵电源,开启前放净真空缓冲罐内的存液,再关闭放空阀VA11、放净阀VA13,打开真空阀VA12。

(5)开始实验:开启空气压缩机,通过稳压阀CV01调节至一定压力P_i,调节质量流量计的流量为F_1,调节出口流量计的流量为F_2,并记录P_i、F_1、F_2,在产品气出口得到产品氮气。

(6)数据处理与记录:实验开始10—30min后趋于稳定,吸附压力、循环周期对产品气氮浓度均有一定影响。记录相关数据,考察以上因素对产品气氮浓度的影响。

五、实验数据记录处理

(1)绘制不同吸附压力条件下的穿透曲线。

(2)按照实验要求编制数据记录表格,并记录相应压力、循环周期、氮含量等数据,考察吸附压力、循环周期对氮含量的影响。

六、实验结果与讨论

(1)变压为什么能使空气中的氮氧分离?

(2)能用于变压吸附的吸附剂有哪些?

(3)氮氧分离为什么要控制吸附压力、循环周期?它们对出口氮浓度有什么影响?

第四部分 化工过程控制基础实验

实验九 化工仪表认识及弹簧管压力表的校验

一、实验目的

(1)了解化工过程控制基础课程所学的各种常用化工仪表的结构、类型、特点及应用。

(2)掌握弹簧管压力表的组成、基本结构和工作原理。

(3)学会使用标准表法(标准压力表值与被校压力表值之间对比)校验压力表。

二、实验原理

(一)化工仪表基础知识

化工仪表通称为工业自动化仪表或过程检测控制仪表,用于化工过程的控制,是对化工过程工艺参数实现检测和控制的自动化技术工具,能够准确而及时地检测出各种工艺参数的变化,并控制其中的主要参数保持在给定的数值或规律,从而有效地进行生产操作,实现生产过程自动化。化工仪表按功能可分为检测仪表、在线分析仪表和控制仪表。

(1)检测仪表,或称化工测量仪表,用于检测、记录和显示化工过程参数(如温度、压力、流量和液位等)的变化,实现对生产过程的监视并向控制系统提供信息。

(2)在线分析仪表,主要用于检测、记录和显示化工过程特性参数(如浓度、酸度、密度等)和组分的变化,是监视和控制生产过程的直接信息。

(3)控制仪表(又称控制器或调节仪表),用于按一定精度将化工过程参数保持在规定范围之内,或使参数按一定规律变化,从而实现对生产过程的控制。

化工仪表从过去单参数检测发展到综合控制系统装置,从模拟式仪表发展到数字式、计算机式的智能化仪表,仪表基础元器件正在向高精度、高灵敏度、高稳定性、大功率、低噪音、耐高温、耐腐蚀、长寿命、小型化、微型化方向发展,仪表的结构向模件化、灵巧化等方向发展,正在加强红外、激光、光导纤维、微波、热辐射、晶体超声、振弦、核磁共振、流体动力等多种新技术、新材料和新工艺向检测及传感器领域的渗透。以应用微型计算机技术为核心,以现代控制理论和信息论为指导,与各种新兴技术如半导体、光导纤维、激光、生化、超导及新材料等相结合,将使化工仪表进入多学科发展的新阶段。

(二)弹簧管压力表校验

1.弹簧管压力表的结构及工作原理

如图9-1所示,被测压力由接头(弹簧管的固定端)通入,迫使弹簧管的自由端扩张。自由端的弹性形变位移由连杆使扇形齿轮做逆时针偏转,于是指针通过同轴的中心齿轮的带动而做顺时针偏转,从而在刻度标尺上显示出被测压力的值。游丝用来克服因扇形齿轮和中心齿轮的间隙所产生的仪表变差。改变调整螺钉的位置,可以调节仪表的量程。弹簧管压力表的结构原理如图9-2所示。

弹簧管压力表虽然结构简单、成本低廉,在生产过程中却是测量压力最直观、准确的仪表,正确的选型、安装与保养对于压力表的使用寿命和准确度能起到良好的保障。

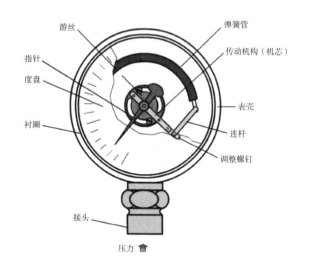

图9-1 弹簧管压力表示意图

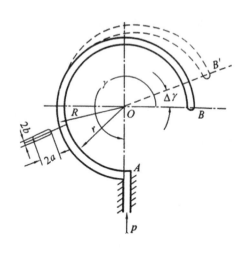

图9-2 弹簧管压力表结构原理图

2.弹簧管压力表校验的相关规定和要求

(1)校验的原因:

①新购买的压力表在运输过程中的振动可能损坏压力表,使用前必须校验。

②经过一个阶段的使用与受压的压力表,不可能自始至终保持准确,内部机件难免会出现一些变形和磨损,导致产生误差和故障,因此必须定期校验。

(2)校验的周期:

根据国家标准,压力表的检定周期一般不超过半年,必须对其进行必要的定期检修维护,以达到指示正确、安全运行的目的。

(3)校验的主要技术指标:

①基本误差:基本误差是由弹簧管的材质及压力表的自身缺陷所引起的误差,不超过该表的允许误差,允许误差从标称精度等级可知。

②变差:变差是由弹性材料的弹性滞后、部件摩擦、齿轮间隙引起的误差,不超过该表的允许误差。

③轻敲位移:轻敲位移是由齿轮间隙引起的示值误差,不超过该表允许误差的1/2。尽管内有游丝可以改善被测压力变化过程中指针位移的平滑性,但由于实际工业环境的振动,齿轮间隙引起的示值误差依然存在。实验中压力表在实际压力不变时,轻敲表壳模拟工业环境的振动,读取轻敲前后被校表的示值,得到轻敲位移。

3.弹簧管压力表校验实验手段

用活塞式压力表校验器作为压力源,通过人工摇动手柄改变压力,使标准压力表和普通压力表同时承受相同压力,记录两块仪表的指示值,可比较出普遍压力表的测量误差、变差,进而可求出压力表的精度等级并判断其是否合格。

三、实验装置

THJ-3型高级过程控制对象系统实验装置;THSA-1型综合自动化控制系统实验平台;普通弹簧管压力表(被校表);标准弹簧管压力表(标准表);压力表校验器。

四、实验步骤

(一)化工仪表基础知识

学生通过学习《化工过程控制基础》课程,观察"THJ-3型高级过程控制对象系统实验装置"与"THSA-1型综合自动化控制系统实验平台"中的各种仪表,认识化工常用仪表的基本结构和原理,使理论与实际对应起来,从而提高对化工仪表的感性认识。同时,通过观察传感器与变送、控制仪表以及执行机构等,知道化工过程控制的基本组成要素——化工仪表。

(二)弹簧管压力表校验

1.准备工作

(1)检查压力表校验器:

将压力表校验器放置在工作台上,保证标准表与被校表的受压点基本在同一水平面上,按图9-3安装连接。如果不在同一水平面,应考虑由液柱高度差所引起的压力误差。

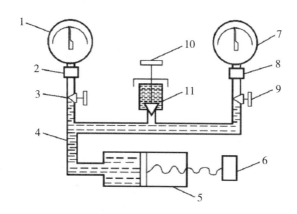

1—标准表;2,8—螺母;3,9—截止阀;4—油缸;5—压力泵;

6—手轮;7—被校表;10—进油阀;11—油杯。

图9-3　压力表校验器示意图

(2)检查油杯中的工作液:

若压力泵的活塞及手轮未推入底部,应首先打开进油阀,摇动手轮,将手摇泵活塞推到底部。揭开油杯盖,观察油杯中是否有工作液。若工作液不足,应将适量工作液注入油杯至约2/3高度处。

注意:

①油污不易清洗,应小心操作!

②被校表的测量上限在5.9MPa以上者,用蓖麻油;相反,可用无酸变压器油;当被校表为氧气表时,则应用甘油与酒精混合液。

(3)将工作液注入压力泵:

①打开油杯的进油阀(注意不要取下,打开即可)。

②关闭两压力表的截止阀(图9-3中的"3"和"9")。

③逆时针方向转动压力泵的手轮,缓慢地把油从油杯中抽到压力泵的油缸中。注意观察标准表的指针位置,防止出现负压。

④再顺时针转动手轮,将油缸内的油压回油杯,同时观察是否有小气泡从油杯中升起。

反复操作,直到油杯中不出现气泡为止。将油缸内注入油后,关闭油杯内的进油阀。

2.初校与零点调整

(1)初校:

①保证油杯内的进油阀关闭,打开标准表和被校表的两个截止阀(图9-3中的"3"和"9"),使其与油路接通。

②缓慢沿顺时针方向转动压力泵的手轮,给压力表加压,使得处在同一水平面的标准表与被校表的压力同步发生变化且大小相等。

③从小到大缓慢增压,增至满量程;再从大到小逐渐减压,减至零点。

(2)调校零点:

①在压力表的压力减至零点后,关闭标准表和被校表的两个截止阀(图9-3中的"3"和"9")。

②打开进油阀,摇动手轮,将手摇泵活塞推到底部。

③打开标准表和被校表的两个截止阀。

④观察压力表的零点。如果零点的指示值在误差允许的范围内,关闭油杯的进油阀,继续下一步的实验;否则用取针器将指针取下对准零位,重新固定。

⑤调整好被校表的零点后,按前面准备工作中的步骤重新将工作液注入压力泵中,关闭油杯的进油阀,继续下一步实验。

3.正式校验

(1)确定被校表的压力校验(检定)点:以被校压力表为基准,在全量程范围内均匀取不少于5个校验点。

(2)校验(检定)上行程:顺时针方向转动压力泵的手轮,给压力表加压,并逐渐递增压力,让被校表依次指示到前面所选的校验点上。从标准表上读取所需数据,并做记录。这样被校表的压力每次均由低逐渐递增到被校压力值(称其为上行读数)。

(3)校验(检定)下行程:逆时针方向转动压力泵的手轮,并逐渐递减压力,让被校表依次指示到前面所选的校验点上。从标准表上读取所需数据,并做记录。这样被校表的压力每次均由高逐渐递减到被校压力值(称其为下行值)。

(4)记录数据:将步骤(2)→步骤(3)重复2—3次,直至观察到测量数据稳定为止,将最终数据填入数据表格并分析计算。

4.结束实验

(1)确保标准表和被校表指针指示在零点,然后关闭标准表和被校表的两个截止阀(图9-3中的"3"和"9")。

(2)打开进油阀,顺时针旋转压力泵手轮,将油压回油杯中。

(3)打开标准表和被校表的两个截止阀,静置一会儿,确保标准表和被校表的指针稳定回零,再关闭进油阀。

5.绘制校验曲线

计算仪表的基本误差、变差,画出压力表的校验曲线,判断被校压力表是否合格。

五、实验数据记录与处理

实验数据记录参考表9-1。

被校表的量程＿＿＿＿＿　精度＿＿＿＿＿　最小分度＿＿＿＿＿

标准表的量程＿＿＿＿＿　精度＿＿＿＿＿　最小分度＿＿＿＿＿

表9-1　压力表校验数据记录表

单位:MPa

序号	被校表压力值	标准表压力值		绝对误差		相对误差	上、下行程绝对差值
		上行程	下行程	上行程	下行程		
1							
2							
3							
4							
5							
6							

六、实验结果与讨论

实验要求总结所校验的压力表的测量误差、变差、精度等级并判断其是否合格。如不合格,讨论该如何进行调整。

七、注意事项

(1)实验报告内容应全面、格式整洁、图表齐全。

(2)在实验数据记录与处理过程,在数据表格之后,以一组数据为例列出各项误差计算公式。

(3)在实验结果与讨论中,明确给出实验结论,并进行分析。

实验十　下水箱液位与进水流量串级控制实验

一、实验目的

(1)了解液位-流量串级控制系统的组成原理。

(2)掌握液位-流量串级控制系统控制器参数的整定与投运方法。

(3)了解阶跃干扰分别作用于副对象和主对象时对系统主控制量的影响。

二、实验原理

本实验系统的主控制量为下水箱的液位h,副控制量为电动调节阀支路流量Q,Q是一个辅助控制变量。系统由主、副两个回路组成。主回路是一个定值控制系统,要求系统的主控制量h等于给定值,因而系统的主控制器应为比例积分(PI)控制或比例积分微分(PID)控制。副回路是一个随动系统,要求副回路的输出能正确、快速地复现主控制器输出的变化规律,以达到对主控制量h控制的目的,因而副控制器可采用比例(P)控制。但选择流量作副控参数时,为了保持系统稳定,比例度必须选得较大,这样比例控制作用偏弱,为此需引入积分作用,即采用PI控制规律。引入积分作用的目的不是消除静差,而是增强控制作用。显然,由于副对象管道的时间常数小于主对象下水箱的时间常数,因而当主扰动(二次扰动)作用于副回路时,可通过副回路的快速调节作用消除扰动的影响。本实验系统结构图和方框图如图10-1所示。

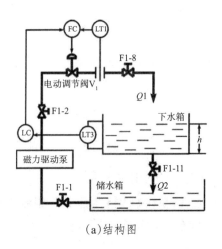

(a)结构图

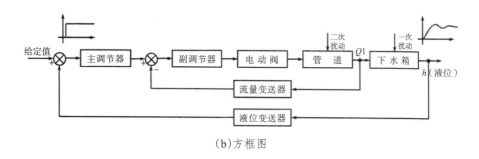

(b)方框图

图10-1 下水箱液位与进水流量串级控制系统

三、实验装置

THSA-1型综合自动化控制系统实验平台,THJ-3型高级过程控制对象系统实验装置,示意图分别见图10-2和图10-3。

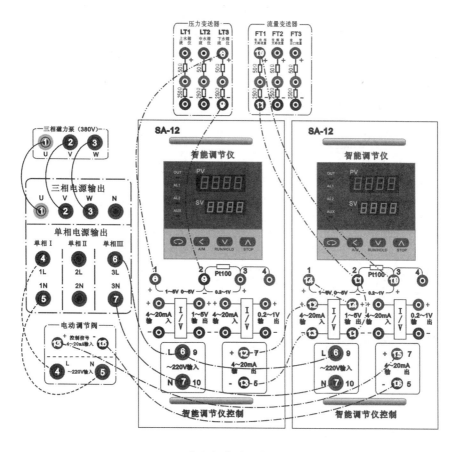

10-2 THSA-1型综合自动化控制系统实验平台

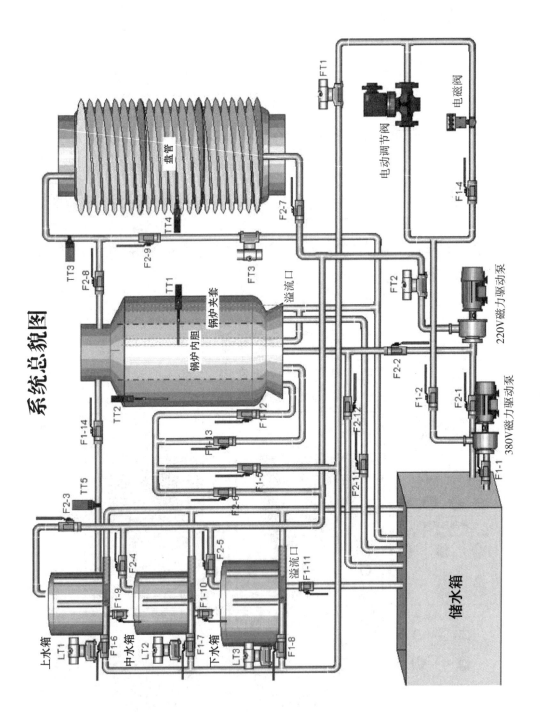

系统总貌图

图 10-3　THJ-3 型高级过程控制对象系统实验装置

四、实验步骤

本实验选择下水箱和电动调节阀支路组成串级控制系统(也可采用变频器支路)。实验前先将储水箱贮足水量,然后将阀门F1-1、F1-2、F1-8全开,将下水箱出水阀门F1-11开至适当开度,其余阀门均关闭。

(1)将两个SA-12挂件挂到屏上,并将挂件的通信线插头插入屏内的RS485通信口上,将控制屏右侧的RS485通信线通过RS485/232转换器连接到计算机串口1,并按照图10-3连接实验系统。将"FT1电动阀支路流量"钮子开关拨到"OFF"的位置,将"LT3下水箱液位"钮子开关拨到"ON"的位置。

(2)接通总电源空气开关和钥匙开关,打开24V开关电源,给压力变送器及涡轮流量计上电,按下启动按钮,合上单相Ⅰ、单相Ⅲ空气开关,给电动调节阀及智能仪表1上电。

(3)打开上位机MCGS(Monitor and Control Generated System,监视与控制通用系统)组态环境,打开"智能仪表控制系统"工程,然后进入MCGS运行环境,在主菜单中点击"实验十六、下水箱液位与电动阀支路流量串级控制系统",进入"实验十六"的监控界面。

(4)将主控仪表设置为"手动",并将输出值设置为一个合适的值(50%—70%),此操作可通过调节仪表实现。

(5)合上三相电源空气开关,磁力驱动泵上电打水,适当增加/减少主控仪表的输出量,使下水箱的液位平衡于设定值。

(6)按任一种整定方法整定控制器的参数,并按整定得到的参数对控制器进行设定。

(7)待下水箱进水流量相对稳定,且其液位稳定于给定值时,将控制器切换到"自动"状态,待液位平衡后,通过以下几种方式加干扰:

①突增(或突减)仪表设定值的大小,使其有一个正(或负)阶跃增量的变化;

②将电动调节阀的旁路阀F1-4(同电磁阀)开至适当开度;

③将阀F1-5、F1-13开至适当开度;

④打开阀门F2-1、F2-4,用变频器支路以较小频率给下水箱打水。

以上几种干扰均要求扰动量为控制量的5%—15%,干扰过大可能造成水箱中的水溢出或系统不稳定。加入干扰后,水箱的液位便离开原平衡状态,经过一段调节时间后,水箱液位稳定至新的设定值(后面三种干扰方法仍稳定在原设定值),记录此时的智能仪表的设定值、输出值和仪表参数,下水箱液位的响应过程曲线将如图10-4所示。

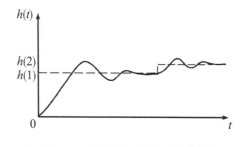

图10-4 下水箱液位阶跃响应曲线

(8)适量改变控制器的PID参数,重复步骤(7),用计算机记录不同参数条件下控制系统的响应曲线。

五、实验数据记录与处理

(1)画出液位-流量串级控制系统的方块图。

(2)绘制扰动分别作用于主、副对象时系统输出的响应曲线。

六、实验结果与讨论

(1)根据扰动分别作用于主、副对象时系统输出的响应曲线,分析系统在阶跃扰动作用下的静态、动态性能。

(2)分析主、副控制器采用不同PID参数时对系统性能产生的影响。

七、注意事项

(1)实验之前确保所有电源开关均处于"关"的位置。

(2)接线或拆线必须在切断电源的情况下进行,接线时要注意电源极性。完成接线后,正式投入运行之前,应严格检查安装、接线是否正确,并请指导老师确认无误后,方能通电。

(3)在投运之前,请先检查管道及阀门是否已按实验指导书的要求打开,储水箱中是否充水至2/3以上,以保证磁力驱动泵中充满水。磁力驱动泵无水空转易造成水泵损坏。

(4)在进行温度实验前,请先检查锅炉内胆内的水位,至少保证水位超过液位指示玻璃管上面的红线位置,以免造成实验失败。

(5)实验之前应进行变送器零位和量程的调整,调整时应注意电位器的调节方向,并分清调零电位器和满量程电位器。

(6)仪表应通电预热15min后再进行校验。

(7)小心操作,切勿乱扳硬拧,严防损坏仪表。

(8)严格遵守实验室有关规定。

第五部分 化工工艺实验

实验十一 湿法磷酸的制备及应用综合实验

一、实验目的

(1)学习以磷矿为原料,通过液–固相反应制备磷酸、重过磷酸钙(简称重钙)的工艺原理和过程。

(2)研究制备磷酸、重钙的工艺条件,学习对该过程进行研究的一般实验方法。

(3)了解磷酸、重钙的组成并掌握其分析方法。

二、实验原理

本实验以磷矿为原料,用硫酸分解磷矿制成磷酸,再用制成的磷酸与磷矿反应制备出重钙。该工艺过程主要由下列三个部分组成:

(1)酸分解部分:用无机酸(本实验采用硫酸)分解磷矿,通过液、固相分离的单元过程,能将酸分解液与固体硫酸钙进行有效分离。酸分解液的主要成分为磷酸,由于原料中含有杂质,酸分解液中还含有氟、硫酸根、铁、铝、镁、硅、钙等。

硫酸分解磷矿的主要化学反应如下:

$$Ca_5F(PO_4)_3 + 5H_2SO_4 + 5nH_2O =\!=\!= 3H_3PO_4 + 5CaSO_4 \cdot nH_2O \downarrow + HF \uparrow$$

$$6HF + SiO_2 =\!=\!= H_2SiF_6 + 2H_2O$$

$$(Na,K)_2O + H_2SiF_6 =\!=\!= (Na,K)_2SiF_6 \downarrow + H_2O$$

$$CaCO_3 + H_2SO_4 =\!=\!= CaSO_4 + H_2O + CO_2 \uparrow$$

$$MgCO_3 + H_2SO_4 =\!=\!= MgSO_4 + H_2O + CO_2 \uparrow$$

再从酸分解液中沉降,分离酸不溶性固体残渣,得到的酸分解液需留待分析及后续制备重钙。

（2）重钙制取部分：重钙是用磷酸分解磷矿粉而得到的一种高浓度水溶性磷肥，它的主要成分为一水磷酸一钙$[Ca(H_2PO_4)_2 \cdot H_2O]$，由于原料中含有杂质，重钙中还带有少量其他组分，如$(Fe, Al)PO_4$、$Mg(H_2PO_4)_2$，氟硅化物，未分解的磷矿，$CaHPO_4$，游离H_3PO_4和H_2O等。

磷酸分解磷矿的主要化学反应如下：

$$CaF(PO_4)_3 + 7H_3PO_4 + 5H_2O = 5Ca(H_2PO_4)_2 \cdot H_2O + HF \uparrow$$

$$CaCO_3 + 2H_3PO_4 = Ca(H_2PO_4)_2 \cdot H_2O + CO_2 \uparrow$$

$$MgCO_3 + 2H_3PO_4 = Mg(H_2PO_4)_2 \cdot H_2O + CO_2 \uparrow$$

$$(Al_2O_3, \ Fe_2O_3) + 2H_3PO_4 = 2(Al, \ Fe)PO_4 \downarrow + 3H_2O$$

$$4HF + SiO_2 = SiF_4 \uparrow + 2H_2O$$

$$SiF_4 + 2HF = H_2SiF_6$$

磷酸分解磷矿制重钙的过程主要包括：磷酸同磷矿的混合（在2—3min到0.5h之间，这决定于原料的性质）；料浆的凝固和硬化（18—20min内）；产品的贮存（10—30昼夜）和干燥（水分由14%—18%降低到8%—10%）等。

（3）P_2O_5的测定——磷钼酸喹啉滴定分析法：

在酸性溶液中，磷酸与喹钼柠酮试剂作用生成黄色磷钼酸喹啉沉淀。测定时以过量的氢氧化钠标准溶液溶解该沉淀，然后以盐酸标准溶液回滴过量的氢氧化钠，根据氢氧化钠和盐酸标准溶液的用量计算出P_2O_5的含量。反应式如下：

$$H_3PO_4 + 3C_9H_7N + 12Na_2MoO_4 + 24HNO_3 = (C_9H_7N)_3H_3(PO_4 \cdot 12MoO_3) \cdot H_2O \downarrow$$
$$+ 12H_2O + 24NaNO_3$$

$$(C_9H_7N)_3H_3(PO_4 \cdot 12MoO_3) \cdot H_2O + 26NaOH = Na_2HPO_4 + 12Na_2MoO_4 + 3C_9H_7N + 15H_2O$$

$$NaOH + HCl = NaCl + H_2O$$

三、实验用品

（一）原料及试剂

（1）磷矿：采用贵州省的磷矿，磷矿的主要化学组成如表11-1所示。

表11-1 贵州省磷矿的主要化学组成

组分	P_2O_5	CaO	MgO	Fe_2O_3	Al_2O_3
含量/%	35.33	50.30	0.858	0.740	0.645

（2）硫酸：工业级。

（3）0.1mol/L 及 0.5mol/L 的 NaOH 标准溶液。

（4）0.25mol/L 的 HCl 标准溶液。

（5）1∶1 的盐酸。

（6）1∶1 的硝酸。

（7）百里香酚兰-酚酞混合指示剂。

（8）溴甲酚绿指示剂。

（9）中性柠檬酸铵。

（10）喹钼柠酮试剂，制备如下：

①称 70g 钼酸钠于 300mL 烧杯中，加入 100mL 水溶解，记为 a 溶液；②称 60g 柠檬酸于 1000mL 烧杯中，加入 100mL 水，溶解后，加 85mL 硝酸，记为 b 溶液；③把溶液 a 加到溶液 b 中，混匀，记为 c 溶液；④混合 35mL 硝酸和 100mL 水在 300mL 烧杯中，摇匀，缓慢加入 5mL 喹啉，混合均匀，记为 d 溶液；⑤把溶液 d 加入溶液 c 中，混匀，静置一夜，用滤纸或棉花过滤，滤液加入 280mL 丙酮，用水稀释至 1000mL，混匀，贮存在聚乙烯瓶中，放于暗处，避光、避热。

（二）主要仪器

恒温槽、搅拌器、真空泵、抽滤瓶、布氏漏斗、分析天平、烘箱、旋转蒸发器等。

四、实验步骤

（一）酸解液的制备及分析

1.酸解液的制备

用硫酸分解磷矿的反应在图 11-1 所示的间歇实验装置中进行，反应器为一个直径 80mm，高 110mm 的玻璃容器，实验开始前先将恒温槽稳定在预定温度后，再将一定量的硫酸溶液（按下列工艺条件自行计算）加入反应器中，开动搅拌器，搅拌速度控制在每分钟约 180 转，待硫酸溶液预热到规定温度（预热大约 10min），然后在 3min 内将称量过的磷矿粉（50g，干基）缓慢、均匀地加入反应器内，反应至预定时间后，停止搅拌，连同反应器一起从恒温槽中取出酸解物料，静置 10min 澄清，然后用布氏漏斗过滤，搜集滤液，将滤液倒入旋转蒸发器进行真空浓缩，即得酸解液。记录酸解液的体积 $V_{酸解液}$、重量 $m_{酸解液}$ 及比重。

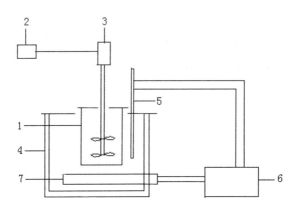

1—反应器;2—调速器;3—搅拌器;4—恒温槽;

5—接触温度计;6—加热继电器;7—加热元件。

图 11-1　酸解装置示意图

按后文所述分析方法,分析酸解液中 P_2O_5 的含量(g/L)及酸解液中磷酸的第一个氢离子的百分含量,并计算出萃取率 $K_{萃取}$。

$$K_{萃取} = \frac{进入溶液的P_2O_5}{磷矿中的P_2O_5} \times 100\% = \frac{P_{2}O_{5酸解} \times V_{酸解液} \times 0.001}{50 \times 0.3533} \times 100\%$$

用硫酸分解磷矿制取酸分解液的工艺条件如下:

硫酸浓度:实验前根据需要配制,需记录实际数据。

硫酸用量:理论用量的105%。

根据反应方程 $CaO + H_2SO_4 = CaSO_4 + H_2O$,硫酸的理论用量按下式计算:

$$\frac{100 \times CaO\%}{56} \times 98 = G(g) \qquad 100\% \ H_2SO_4/100g磷矿$$

上述计算未计入 MgO、Fe_2O_3、Al_2O_3。

再按硫酸的使用浓度及该浓度下的比重计算出实际的硫酸的量(mL)。

反应温度:80℃(实验前根据需要可以另行设定,需记录实际数据)。

反应时间:50min(实验过程中根据需要可以另行设定,需记录实际数据)。

2.酸解液的分析方法

(1)酸解液中 P_2O_5 含量的测定:用移液管吸取2mL酸解液于250mL容量瓶中,稀释至刻度后,再用移液管吸取10mL稀释液于预先加有10mL 1:1的硝酸和80mL水的400mL烧杯中,加热近沸(刚好有气泡冒出),加入25mL喹钼柠酮试剂,用表面皿盖上,在小火上加热煮沸1min(如果是电炉,需关闭电源,用余热加热),冷却至室温,用定性纸过滤。先用水以倾泻法洗涤沉淀3—4次(每次用水约25mL),再将沉淀移到滤纸上,继续以水洗涤至滤液中性为止(以一滴0.25mol/L的氢氧化钠和一滴混合指示剂加在一个预先洗净的20mL量筒中,然后将准备检查的漏斗放于其上过滤,当20mL滤液呈紫色不变时,沉淀即为中性)。将滤纸连同沉淀一起移入原烧杯中,加100mL水,用滴定管准确加入25mL 0.5mol/L的氢氧化钠标准溶液,充分搅拌使沉淀完全溶解。加8—12滴百里香酚兰-酚酞混合指示剂,以0.25mol/L盐酸标准溶液回滴至溶液从紫色经灰蓝色转变成黄色为终点(即灰蓝色刚好消失),按上述步骤进行空白试验,然后根据式11-1进行计算。

$$P_2O_{5酸解} = \frac{[N_1(V_1 - V_1') - N_2(V_2 - V_2')] \times 0.00273}{2 \times \frac{V}{250}} \times 1000 \qquad (11-1)$$

式中,N_1为氢氧化钠标准溶液的当量浓度;N_2为盐酸标准溶液的当量浓度;V_1为消耗氢氧化钠标准溶液的体积,单位为mL;V_1'为空白试验所用的氢氧化钠标准溶液的体积,单位为mL;V_2为滴定消耗盐酸标准溶液的体积,单位为mL;V_2'为空白试验消耗的盐酸标准溶液体积,单位为mL;0.00273为每毫克当量P_2O_5的重量,单位为g;V为吸取稀释试样体积,单位为mL。

(2)酸解液中磷酸的第一个氢离子的百分含量的测定:用移液管吸取25mL步骤(1)中的稀释液于250mL三角瓶中,加水至体积约100mL,加溴甲酚绿指示剂5—7滴,用0.1mol/L氢氧化钠标准溶液滴到溶液变为明显的绿色为终点。

酸解液中磷酸的第一个氢离子的百分含量按式(11-2)计算。

$$H^+ = \frac{NV \times 0.001}{G \times \frac{25}{250}} \times 100\% \qquad (11-2)$$

式中,N为氢氧化钠标准溶液的浓度;V为氢氧化钠标准液的消耗体积,单位为mL;G为试样重,单位为g(需要换算成2 mL酸解液的重量)。

(二)重钙的制备及分析

1.重钙的制备
根据磷矿的组成求出磷酸消耗定额。

分解100份重量磷矿所需磷酸的理论用量X可由下式计算:

$$X = \frac{\left(\frac{2a}{56.1} + \frac{2b}{40.3} + \frac{2c}{159.7} + \frac{2d}{102} - \frac{2e}{142}\right) \times 100}{(H^+)} \qquad (11-3)$$

式中,a、b、c、d和e分别代表磷矿中CaO、MgO、Fe_2O_3、Al_2O_3和P_2O_5的百分含量;56.1、40.3、159.7、102和142分别代表1摩尔上述各组分的质量;(H^+)为磷酸中的第一个氢离子的百分含量。

在工业天平上称量30g一定粒度的磷矿粉。将按上式计算出的一定量酸解液倒入一个预先干燥并称量过(包括用作搅拌的玻璃棒重量)的250mL烧杯中,将烧杯放入恒温槽中,待酸解液预热到规定温度后(预热大约10min),在不断搅拌下将30g磷矿粉匀速地加入,控制在

2min左右加完,继续搅拌10min左右。如料浆在规定的混合时间前即开始稠化,就应立即停止搅拌,并应卸出在预先干燥并称量过的瓷皿中稠固,记下实际搅拌和固化的时间,称量固化后的重钙总重量。然后磨细重钙,取出部分平均试样备分析。对新制成的鲜肥,应测定其水分、游离酸、全P_2O_5、有效P_2O_5含量,并根据测定结果计算磷矿的分解率$K_{分解}$及重钙中有效P_2O_5含量与全P_2O_5之比。

磷矿的分解率$K_{分解}$可按式(11-4)或式(11-5)计算。

$$K_{分解} = \frac{(g_1 - g_2)}{g_1} \times 100\% \tag{11-4}$$

式中,g_1为矿中的P_2O_5量;g_2为未分解的P_2O_5量。

$$K_{分解} = \frac{\left[P_2O_5矿 - (P_2O_5全 - P_2O_5有)B\right]}{P_2O_5矿} \times 100\% \tag{11-5}$$

式中,"$P_2O_5矿$"为矿粉的P_2O_5含量,%;"$P_2O_5全$"为重钙中全P_2O_5的含量,%;"$P_2O_5有$"为重钙中有效P_2O_5含量,%;B为重钙产率,重钙产率 $= \dfrac{重钙总重量}{矿粉重量}$。

制造重钙的工艺条件如下:

磷酸浓度:使用前述酸解液。

磷酸用量:固定理论用量。

反应温度:80℃(实验前根据需要可以另行设定,需记录实际数据)。

2.重钙的分析方法

(1)水分的测定:

方法提要:重过磷酸钙水分的测定采用干燥法,温度控制在100 ± 1℃,否则就会失去结晶水。

测定手续:用干燥过的已知重量的称量瓶,准确称取5g样品放入称量瓶中,在100 ± 1℃的烘箱中干燥2h,取出置于干燥器内,冷却至室温称重。

$$H_2O = \frac{G_1 - G_2}{G} \times 100\% \tag{11-6}$$

式中,G_1为干燥前称瓶加试样重,单位为g;G_2为干燥后称量瓶加试样重,单位为g;G为试样重,单位为g(湿基)。

(2)游离酸的测定:

方法提要:采用酸碱滴定法,将样品投入大量水中,获得的水溶液,用碱中和磷酸中的一个氢离子。

测定手续:称取5g试样置于瓷蒸发皿中,加20mL水,用玻璃棒研磨,将清液注入250mL容量瓶中,加水与前面相同。研磨数次后,最后将渣全部冲入容量瓶中;然后摇动5min,稀释至刻度,摇匀,用干滤纸过滤,开始的滤液(约20mL)润洗烧杯后弃去,然后用润洗后的烧杯重新接滤液(不需要全部过滤完,滤液够分析就可以)。

用移液管吸取25mL滤液于250mL三角瓶中,加水至体积约100mL,加溴甲酚绿指示剂5—7滴,用0.1mol/L的氢氧化钠标准溶液滴到变为明显的绿色为止。

游离酸(以P_2O_5表示)的百分含量按下式计算:

$$P_2O_5 游 = \frac{NV \times 0.071}{G \times \frac{25}{250}} \times 100\% \tag{11-7}$$

式中,N为氢氧化钠标准溶液的浓度;V为氢氧化钠标准液的消耗体积,单位为mL;0.071为每毫克当量的P_2O_5的重量,单位为g;G为试样重,单位为g。

(3)全P_2O_5的侧定:

方法提要:试样用盐酸分解,使其不溶性磷酸盐全部转变为可溶性磷酸盐,在强酸溶液中,有柠檬酸及丙酮存在的条件下,磷酸根与钼酸喹啉生成磷钼酸喹啉沉淀。将磷钼酸喹啉沉淀溶于过量的碱溶液中,然后用酸回滴过量的碱,根据碱溶液耗用量,即可求得P_2O_5的含量。

测定手续:称取样品1.0000g于250mL烧杯中,加1:1的盐酸30mL,盖上表面皿,加热煮沸至体积15mL左右,加水30mL继续煮沸,待再次加热煮沸至体积15mL左右取下冷却。倾入250mL容量瓶内,加水稀释至刻度,混匀过滤,开始的滤液(约20mL)润洗烧杯后弃去,然后用润洗后的烧杯重新接滤液(不需要全部过滤完,滤液够分析就可以)。用移液管吸取10mL滤液于预先加有10mL 1:1的硝酸和80mL水的400mL烧杯中,加热近沸(刚好有气泡冒出),加入25mL喹钼柠酮试剂,用表面皿盖上在小火上加热煮沸1min(如果是电炉,需关闭电源,用余热加热),冷却至室温,用定性纸过滤,先用水以倾泻法洗涤沉淀3—4次(每次用水约25mL),再将沉淀移到滤纸上,继续以水洗涤至滤液中性为止(以一滴0.25mol/L的氢氧化钠和一滴混合指示剂加在一个预先洗净的20mL量筒中,然后将准备检查的漏斗放于其上过滤,当20mL滤液呈紫色不变时,沉淀即为中性),将滤纸连同沉淀一起移入原烧杯中,加100mL水,用滴定管准确加入25mL 0.5 mol/L的氢氧化钠标准溶液,充分搅拌使沉淀完全溶解。加8—12滴百里香酚兰–酚酞混合指示剂,以0.25mol/L盐酸标准溶液回滴至溶液从紫色经灰兰色转变成黄色为终点(即灰蓝色刚好消失)。按上述步骤进行空白试验(如果前述已经分析过,可以用前述空白试验的数据)。

$$P_2O_5 全 = \frac{[N_1(V_1 - V_1') - N_2(V_2 - V_2')] \times 0.00273}{G \times \frac{V}{250}} \times 100\% \tag{11-8}$$

式中,N_1为氢氧化钠标准溶液的当量浓度;N_2为盐酸标准溶液的当量浓度;V_1为消耗氢氧化钠标准溶液的体积,单位为mL;V_1'为空白试验所用的氢氧化钠标准溶液的体积,单位为mL;V_2为滴定消耗盐酸标准溶液的体积,单位为mL;V_2'为空白试验消耗的盐酸标准溶液体积,单位为mL;0.00273为每毫克当量P_2O_5的重量,单位为g;G为试样重量,单位为g;V为吸取稀释试样体积,单位为mL。

（4）有效 P_2O_5 的测定：

方法提要：用中性柠檬酸铵一次萃取有效 P_2O_5 在硝酸溶液中，用丙酮柠檬酸掩蔽铵和铁铝干扰。溶液中加钼酸喹啉，使其和磷酸根结合生成磷钼酸喹啉黄色沉淀。

测定手续：称取样品 1.0000g 于 40mL 带柄蒸发皿中，用量筒量取 100mL 中性柠檬酸铵，开始用量筒中少量中性柠檬酸铵润湿并用玻璃棒研细样品，再用量筒中的中性柠檬酸铵将其洗入 250mL 容量瓶中，放在 70℃ 的水浴上保温 20min，中途振摇 1—2 次，取出冷至室温。用水稀释至刻度，用干滤纸过滤，开始的滤液（约 20mL）润洗烧杯后弃去，然后用润洗后的烧杯重新接滤液（不需要全部过滤完，滤液够分析就可以）。用移液管吸取 10mL 滤液分析，方法同全 P_2O_5，只是溶解沉淀时滴加氢氧化钠为 20mL。

五、实验预习、数据记录与处理

（一）实验预习

在实验前学生需要对本次实验进行认真的预习，并写好预习报告，在预习报告中写出实验目的，实验要求，需要用到的仪器设备、物品资料，以及简要的实验步骤，形成一个操作提纲。对实验中的安全注意事项以及可能出现的现象做到心中有数，但这些不要求写在预习报告中。

（二）数据记录

学生开始实验时，应该将记录本放在近旁，将实验中所做的每一步操作、观察到的现象和所测得的数据以及相关条件如实记录下来。可参考表 11-1 进行记录。

表 11-1　实验数据记录表

湿法磷酸的制备及应用综合实验数据记录表							
酸解液的制备							
磷矿粉用量/g	硫酸浓度/%	硫酸体积/mL	反应温度/℃	反应时间/min	酸解液体积 $V_{酸解液}$/mL	酸解液重量 $m_{酸解液}$/g	酸解液比重
酸解液中 P_2O_5 含量的测定							
N_1/(mol·L^{-1})	N_2/(mol·L^{-1})	V_1/mL	V_1'/mL	V_2/mL	V_2'/mL	V/mL	

续表

酸解液中磷酸的第一个氢离子的百分含量的测定						
$N/(mol·L^{-1})$	V/mL	G/g				

重钙的制备						
磷矿粉用量/g	需量取的酸解液/mL	反应温度/℃	搅拌时间/min	固化时间/min	重钙总重量/g	

重钙中水分的测定			重钙中游离酸的测定		
G_1/g	G_2/g	G/g	$N/(mol·L^{-1})$	V/mL	G/g

重钙中P_2O_5全的测定							
$N_1/(mol·L^{-1})$	$N_2/(mol·L^{-1})$	V_1/mL	V_1'/mL	V_2/mL	V_2'/mL	V/mL	G/g

重钙中P_2O_5有的测定							
$N_1/(mol·L^{-1})$	$N_2/(mol·L^{-1})$	V_1/mL	V_1'/mL	V_2/mL	V_2'/mL	V/mL	G/g

同组人员签名	指导教师意见

（三）数据处理

学生完成实验后,应尽快对实验数据进行处理,将计算过程和计算结果整理后写入实验报告中。

六、实验结果与讨论

（一）记录实验结果

将实验结果记录在表11-2中。

表11-2　实验结果记录表

酸解液分析处理结果			重钙分析处理结果					
P_2O_5酸解 /(g·L^{-1})	H$^+$%	$K_{萃取}$%	H$_2$O%	P_2O_5游%	P_2O_5有%	P_2O_5全%	P_2O_5有/P_2O_5全	$K_{分解}$%

（二）讨论

主要包括对实验数据、实验中的特殊现象、实验操作应注意的问题、实验的关键点、实验误差和引起误差的原因等内容进行整理、解释、分析总结，提出实验结论或提出自己的看法。

（三）思考

（1）酸解液中除了磷酸，应该还有哪些酸？这些酸对生产重钙有何影响？

（2）对磷钼酸喹啉黄色沉淀洗涤的过程中，如果没有将其洗到中性，计算得到的 P_2O_5 的含量比试样本身偏大还是偏小？为什么？

七、注意事项

（1）在试样的稀释配制过程中，转移试样于250mL容量瓶中这一操作步骤，应特别小心，既要保证将式样全部转移到容量瓶之内，又不能使稀释后的溶液超过容量瓶刻度，否则易导致分析结果出现较大误差。

（2）测定 P_2O_5 的过程中，煮沸的试液在加入沉淀剂之前，要先关闭加热装置，再加入沉淀剂。加入沉淀剂的速度不能太快，以防止溅出和生成过小的沉淀。加入沉淀剂后，利用加热装置的余热煮沸1min，决不能再打开加热装置。

实验十二 煤焦与CO₂气化反应过程研究

煤气化是现代煤化工的龙头技术,其反应过程可以按照相态分为非均相气-固反应和均相气相反应两大类。若按煤气化发生的不同反应过程,可以分为两个阶段:煤热解、煤焦气化。煤气化过程如图12-1所示。

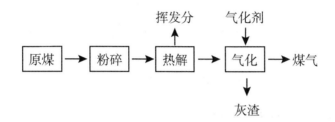

图12-1 煤气化过程示意图

原煤经过热解,除去煤中大部分挥发分之后,制备成半焦或煤焦,然后进行气化反应。在煤焦或半焦与气化剂(通常是水蒸气、O_2、CO_2)之间发生的气化反应才是真正的煤气化反应,通常可将它分成两类颗粒的反应模式:整体反应(反应发生的位置是煤焦内表面),多发生于孔隙较多的固体或慢反应的场合;表面反应(反应发生的位置是颗粒外表面),气化反应进行得相对较快,扩散速率成为主导气化反应过程的因素。

一、实验目的

(1)了解煤气化过程及其催化反应的基本原理。
(2)了解煤气反应化活性的评价方法。
(3)学习实验方案设计、实验操作及数据分析处理方法。

二、实验原理

(一)煤气化的主要反应

煤气化的主要反应如下:

$$C + O_2 \Longrightarrow CO_2 \qquad\qquad \Delta H = -109 \text{ kJ/mol} \qquad (1)$$

$$2C + O_2 \Longrightarrow 2CO \qquad\qquad \Delta H = -123 \text{ kJ/mol} \qquad (2)$$

$$C + CO_2 \Longrightarrow 2CO \qquad\qquad \Delta H = 162 \text{ kJ/mol} \qquad (3)$$

$$C + H_2O \Longrightarrow CO + H_2 \qquad\qquad \Delta H = 119 \text{ kJ/mol} \qquad (4)$$

$$C + 2H_2 \Longrightarrow CH_4 \qquad\qquad \Delta H = -87 \text{ kJ/mol} \qquad (5)$$

$$2H_2 + O_2 \Longrightarrow 2H_2O \qquad\qquad \Delta H = -242 \text{ kJ/mol} \qquad (6)$$

$$2CO + O_2 \Longrightarrow 2CO_2 \qquad\qquad \Delta H = 283.2 \text{ kJ/mol} \qquad (7)$$

$$CO + H_2O \Longrightarrow CO_2 + H_2 \qquad\qquad \Delta H = -42 \text{ kJ/mol} \qquad (8)$$

$$CO + 3H_2 \Longrightarrow CH_4 + H_2O \qquad\qquad \Delta H = -206 \text{ kJ/mol} \qquad (9)$$

其中反应(1)、(3)、(4)是生成CO和H_2的主要反应,反应(8)为水蒸气变换反应,反应(9)为甲烷化反应。煤的结构和成分复杂,而且种类较多,因此在不同气化实验条件、实验方法和不同气化剂下,煤气化反应后得到的产物和产气组成也不同。

(二)影响煤气化反应的主要因素

煤(焦)具有十分复杂的物理结构和化学结构,所以影响煤气化的因素也非常多,如煤中含有的矿物质、煤在形成过程中的变质程度、煤中的碳活性位、煤的孔隙大小和结构等。通常看来,煤种变质程度越高,制焦时的升温速率越慢,制焦终温越高,终温下的停留时间越长,所制得煤焦的气化反应活性就越低。总结起来有以下几点:

(1)煤阶:煤在形成过程中的变质程度会影响气化反应活性,煤的变质程度越高,煤气化反应活性就越差。

(2)灰分:煤中矿物质的部分成分会对煤气化起到催化作用,其对煤气化的影响较为复杂。

(3)比表面积:比表面积大,表明煤的孔隙结构发达,煤气化的反应活性强。

(4)显微组分:显微组分的不同受煤的类别和制焦条件的影响,同时会对煤气化反应性产生不同的影响。

(5)煤的制焦过程:煤的制焦条件不同,制备出的煤焦品质不同,煤焦气化的反应性也存在一定的差异。

(三)碱金属碳酸盐对煤与CO_2反应的催化作用

碱金属碳酸盐对煤与CO_2的反应具有较好的催化作用,其催化气化机理可用如下的反应过程来表示:

$$M_2CO_3 + 2C \longrightarrow 2M + 3CO \qquad (10)$$

$$2M + CO_2 \longrightarrow M_2O + CO \qquad (11)$$

$$M_2O + CO_2 \longrightarrow M_2CO_3 \qquad (12)$$

反应式中的 M 代表碱金属。从碱金属碳酸盐对煤的催化气化机理可看出,碳酸盐可与 C 产生反应生成碱金属 M 及 CO,通过碳酸盐的循环氧化还原反应,将气态 CO_2 中的氧传输到 C 的表面,从而生成 CO,所以碳酸盐起到间接传输氧的作用,由此也证明 Na_2CO_3、K_2CO_3 具有传输 O^{2-} 的功能。

三、实验装置及实验用品

(一)原料

(1)煤炭:采用贵州省的无烟煤,煤炭的工业分析和元素分析见表12-1。

表12-1　无烟煤的工业分析和元素分析

样品	工业分析 w/%				元素分析 w/%					热值 /$(MJ \cdot Kg^{-1})$
	水分	挥发分	灰分	固定碳	C	H	N	S	O	
无烟煤	2.47	14.59	6.02	76.74	80.7	3.70	1.12	0.83	10.95	29.83

(2)CO_2 气体:99.9%。

(3)Ar 气:99.99%。

(4)分析纯试剂:K_2CO_3、Na_2CO_3、$CaCO_3$、CaO、$CaSO_4$、FeS 等。

(二)主要仪器

主要仪器包括煤气化评价装置、气相色谱仪、计算机、马弗炉、破碎机、球磨机、振筛机等。

(三)工艺流程

主要工艺流程见图12-2。

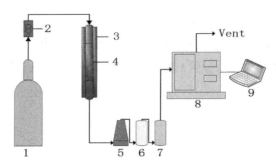

1—CO_2气体；2—质量流量计；3—程序升温电炉；4—反应器；5—冷阱；

6—脱硫塔；7—干燥塔；8—GC-气相色谱仪；9—电脑。

图 12-2　煤气化反应评价工艺流程图

四、实验步骤

(一)煤焦的制备

煤焦采用箱式电阻炉,按照煤样的制备方法(GB 474-2008)进行制备。首先利用球磨机和粉碎机将煤样粉碎磨细,再利用筛分机筛分为<65目、65—100目、100—200目、>200目四种粒度,然后按照一定的煤焦配制比例进行机械掺混,作为备用。可以使用催化剂提高煤气化反应速率,催化剂通常可选用 K_2CO_3、Na_2CO_3、$CaCO_3$、CaO、$CaSO_4$、FeS 等。将不同的催化剂用浸渍法或机械混合法担载在煤焦上。

(二)煤气化评价实验

气化反应在常压下进行,将实验样品(含碳 10g)放置在反应器中段,两头用陶瓷环填充,使得反应在恒温区内进行。在升温前,通入 CO_2 气体 5min,以排除反应器内的空气,然后启动电炉按照 20℃/min 的速率进行升温,当温度达到指定温度后,通入 CO_2,开始测定,并标注时间为 0,以后每隔 5min 采集一次数据,整个过程持续 2h,其中 CO_2 的流量为 300mL/min。反应尾气经过通入冷阱冷凝除去焦油,再经过装有脱硫剂的脱硫塔脱硫、干燥塔除水,最后利用气相色谱仪进行在线分析。本实验中,气相色谱仪主要检测出尾气中含有 H_2、CO、CO_2、CH_4 等组分气体。

(三)CO_2转化率的计算及反应活性评价方法

CO_2转化率计算公式如下:

$$\alpha = \frac{100 \times (100 - a - V)}{(100 - a) \times (100 + V)} \times 100\% \qquad (12-1)$$

式中，α 为 CO_2 转化率，单位为%；a 为钢瓶中的 CO_2 气体中杂质气体的含量，单位为%；V 为反应后气体中的 CO_2 含量，单位为%。

以反应时间为横坐标，CO_2 转化率为纵坐标作图，得到不同反应条件下煤焦与 CO_2 的反应规律，从而评价不同反应条件下的煤气化反应活性。

(四)产气浓度的计算方法

样品中各组分的摩尔浓度 F_i 采用外标法求出，计算公式如下：

$$F_i = A_i \frac{F_{si}}{A_{si}} \times 100\% \tag{12-2}$$

样品标准气体中各组分面积 A_i 和 A_{si} 可直接由色谱工作站获得。

五、实验数据记录与处理

实验数据记录与处理操作根据实验步骤自行设定。

六、实验结果与讨论

主要包括对实验数据、实验中的特殊现象、实验操作的成败、实验的关键点等内容进行整理、解释、分析总结，提出实验结论或提出自己的看法。

七、注意事项

(1)实验中需要用到 CO_2 气体，使用时要注意防止窒息。
(2)实验过程中涉及高温，请注意防护。
(3)实验过程中气相色谱的使用，请严格按照操作规程进行操作。

实验十三　乙醇气相脱水综合实验

一、实验目的

(1)了解用乙醇气相脱水制备乙烯/乙醚的过程,学会设计实验流程。

(2)掌握乙醇气相脱水操作条件对产物收率的影响,学会获取稳定的工艺条件的方法。

(3)熟悉固定床反应器的特点以及其他有关设备的使用方法,提高实验技能。

(4)掌握色谱分析方法。

二、实验原理

(一)乙醇脱水反应原理

乙醇脱水依催化剂类型、反应温度、压力、接触时间(加料速度)的不同其过程也不同。总的反应由下列反应式组成:

$$2C_2H_5OH \longrightarrow \begin{cases} C_2H_5OC_2H_5 + H_2O \\ 2C_2H_4 + 2H_2O \end{cases}$$

低温下反应以 $2C_2H_5OH \longrightarrow C_2H_5OC_2H_5 + H_2O$ 为主;

高温下反应以 $2C_2H_5OH \longrightarrow 2C_2H_4 + 2H_2O$ 为主。

实际上都是乙醇脱水反应,在两者之间的温度下,反应产物中必然含乙醚和乙烯。应注意的是二碳原子的乙醇脱水生成乙烯、三碳醇脱水生成丙烯、四碳醇脱水生成丁烯、高碳醇生成高碳数烯烃等,均可采用相同的催化剂和操作方法。

(二)乙醇气固相脱水催化剂

本实验采用ZSM-5系列分子筛,该催化剂的突出优点是反应温度低,且有工业品,容易获得,故本实验采用此催化剂。

三、实验装置与实验用品

（1）实验装置：本实验采用固定床反应器，实验流程如图13-1所示，反应器见图13-2。

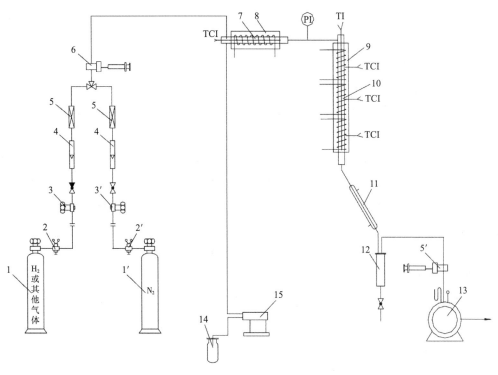

TCI—控温热电偶；TI—测温热电偶；PI—压力计。

1,1'—气体钢瓶；2,2'—减压阀；3,3'—稳压阀；4—转子流量计；5,5'—干燥器；6—取样器；7—预热炉；8—预热器；
9—反应炉；10—固定床反应器；11—冷凝器；12—气液分离器；13—湿式流量计；14—加料罐；15—液体加料泵。

图13-1　固定床实验装置流程示意图

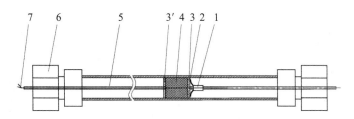

1—三角架；2—丝网；3—石英棉；4—催化剂；5—测温套管；6—锣帽；7—热电偶。

图13-2　固定床结构示意图

（2）试剂：无水乙醇（分析纯）。

分子筛催化剂：60—80目，填装量5—7g。

（3）仪器：柱塞式液体加料泵　　　1台

　　　　　氮气钢瓶（含减压阀）　　1个

　　　　　注射器（1μL）　　　　　1支

　　　　　色谱仪　　　　　　　　　1台

四、实验步骤

（1）组装流程（将催化剂按照图13-2装入反应器内），检查各接口，试漏（空气或氮气）。

（2）检查电路是否连接妥当。

上述准备工作完成后，开始升温，将预热器温度控制在150℃左右。待反应器温度达到设定温度后，启动乙醇加料泵。调节流量在10—30mL/hr范围内，并严格控制进料速度，使之稳定。在每个反应条件下稳定30min后，开始记下尾气流量和反应液体的质量，取气样和液样，用注射器进样至色谱仪中测定其产物组成。

（3）在150—400℃之间选择不同的温度，改变三次进料速度，考察不同温度及进料速度下反应物的转化率与产品的收率。

（4）反应结束后停止加乙醇原料，继续通氮气维持30—60min，以清除催化剂上的焦状物，使之再生后待用。

（5）实验结束后关闭水、电、气及门窗。

五、实验数据记录与处理

数据记录及处理参考表13-1、表13-2和表13-3。

1.原始数据表

表13-1　原始记录表

实验号	进料量/$(mL \cdot hr^{-1})$	温度/℃		气相产物含量/%				液相产物含量/%			气体量/L	液体量/g
		预热器	反应器	乙烯	乙醇	乙醚	水	乙醇	乙醚	水		
1	10											
	20											
	30											

实验号	进料量/ (mL·hr^{-1})	温度/℃		气相产物含量/%				液相产物含量/%			气体量/ L	液体量/ g
		预热器	反应器	乙烯	乙醇	乙醚	水	乙醇	乙醚	水		
2	10											
	20											
	30											
3	10											
	20											
	30											

表 13-2　校正因子记录表

校正因子f_M			
乙烯	乙醇	乙醚	水

注：校正因子自行测定。

2.数据处理

表 13-3　数据处理结果记录表

实验号	反应温度/℃	乙醇进料量/ (mL·hr^{-1})	产物组成/%				乙醇转化率/%	乙醚收率/%
			乙醚	乙醇	乙烯	水		
1		10						
		20						
		30						
2		10						
		20						
		30						
3		10						
		20						
		30						

六、实验结果与讨论

(1)分析不同温度及进料量条件下,乙醇转化率与乙烯(乙醚)收率的关系。

(2)分析哪些因素会对乙醇转化率及乙烯(乙醚)收率有影响。

(3)讨论实验误差的来源有哪些。

七、注意事项

(1)实验检测过程需要用到氢气,请做好易燃易爆气体的防护;

(2)实验过程中涉及高温,请注意防止高温伤害。

第六部分　研究开发实验

实验十四　电池材料制备及其电化学性能测试综合实验

燃料电池是一种把燃料所具有的化学能直接转换成电能的化学装置,又称电化学发电器,它是继水力发电、热能发电和原子能发电之后的第四种发电技术。由于燃料电池通过电化学反应把燃料的化学能中的吉布斯自由能部分转换成电能,不受卡诺循环效应的限制,因此效率高;另外,燃料电池用燃料和氧气作为原料,同时没有机械传动部件,故排放出的有害气体极少,使用寿命长。由此可见,从节约能源和保护生态环境的角度来看,燃料电池非常有发展前途。

一、实验目的

(1)了解燃料电池的工作原理。

(2)了解质子交换膜燃料电池(PEMFC)的工作原理。

(3)测量燃料电池的伏安特性曲线、开路电压、短路电流、最大输出功率以及转化效率。

二、实验原理

燃料电池是一种能量转化装置,它按电化学原理,即原电池工作原理,等温地把贮存在燃料和氧化剂中的化学能直接转化为电能,因而其实际过程是氧化还原反应。燃料电池主要由四部分组成,即阳极、阴极、电解质和外部电路。燃料气和氧化气分别由燃料电池的阳极和阴极通入。燃料气在阳极上放出电子,电子经外电路传导到阴极并与氧化气结合生成离子。离子在电场的作用下,通过电解质迁移到阳极上,与燃料气反应,构成回路,产生电流。同时,由于本身的电化学反应以及电池的内阻,燃料电池还会产生一定的热量。电池的阴、阳两极除传导电子外,也作为氧化还原反应的催化剂。当燃料为碳氢化合物时,要求阳极有更高的催化活性。阴、阳两极通常为多孔结构,以便于反应气体通入和产物排出。电解质起传递离子和分离燃料气、氧化气的作用。为阻挡两种气体混合导致电池内短路,电解质通常为致密结构。

燃料电池的核心组件主要由阳极、阴极和电解质膜组成,而电极又由扩散层和催化层组成,各部分作用如下:

(1)催化层。催化层是发生电化学反应的场所,约占膜电极成本的54%,而膜电极约占整个燃料电池成本的84%。因此,如何降低催化剂的载量,制备低成本、高性能、高活性的燃料电池催化剂至关重要。同时,新发明的喷涂方法,使催化层的催化剂载量由4mg/cm²降到约0.014mg/cm²,更好地缓解了催化剂的价格对质子交换膜燃料电池发展的制约。

(2)扩散层。扩散层作为电子导电的良导体,其主要作用是保证反应物能均匀到达催化层参加电化学反应。质子交换膜燃料电池的扩散层主要是碳纸或碳布。碳纸使用前要进行憎水化处理并使用碳粉对其进行整平。

(3)电解质膜。电解质膜的性能将直接影响电池的内阻以及电池的开路电压。在选用电解质膜时,一般要求电解质膜具有较好的机械强度和耐温性能、较高的化学稳定性、较高的离子电导率。

DMFC的基本原理如图14-1所示:从阳极通入的甲醇在催化剂的作用下解离为质子,并释放出电子,质子通过质子交换膜传输至阴极,与阴极的氧气结合生成水。在此过程中产生的电子通过外电路到达阴极,形成传输电流并带动负载。与普通的化学电池不同的是,燃料电池不是一个能量存储装置,而是一个能量转换装置,理论上只要不断地向其提供燃料,它就可向外电路负载连续输出电能。

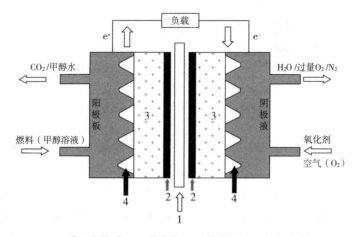

1—质子交换膜;2—催化层;3—扩散层;4—极板流场。

图14-1 直接甲醇燃料电池的工作原理图

直接甲醇燃料电池的工作原理如下：

阳极：$CH_3OH + H_2O \longrightarrow CO_2 + 6H^+ + 6e^-$

阴极：$1.5O_2 + 6H^+ + 6e^- \longrightarrow 3H_2O$

总电极反应：$CH_3OH + 1.5O_2 \longrightarrow CO_2 + 2H_2O$

三、实验装置及实验用品

（1）实验仪器：甲醇燃料电池组件。

（2）分析仪器：电化学工作站（辰华760E）。

（3）实验试剂：硝酸镍、自制碳材料、甲醇、蒸馏水。

四、实验步骤

（1）制备非贵金属镍基催化剂。

（2）组装好甲醇燃料电池。

（3）安装单电池的全部组件和待测试的膜电极。

（4）将金属夹板、金属电板、集流板、绝缘垫、膜电极从下到上依次按照从阳极到阴极的顺序组装好。

（5）连接电化学工作站（辰华760E）。

（6）配制好甲醇溶液，通入进料并活化新制燃料单电池。

（7）待新电池性能稳定后，测试$C–V$和LSV曲线。

五、实验数据记录与处理

根据样品测试$C–V$曲线和LSV曲线，并保存在电脑中，采用Origin软件进行数据处理分析。

六、实验结果与讨论

通过对所制备的催化剂组装甲醇燃料电池，并测试其电化学性能，通过对样品的$C–V$曲线和LSV曲线测试结果进行分析，探讨其甲醇氧化性能。

七、注意事项

（1）每次实验后必须清洗干净电极。

（2）使用电化学工作站必须按照使用说明书操作。

（3）注意密封。另外，为了防止甲醇泄露，必须在通风橱中进行。

（4）测试性能，电池组件组装应保证多次操作一致。

（5）每一样品要分析两次以上，以消除偶然误差。

（6）实验结束后，检查设备电源是否关闭。

实验十五　催化剂的制备及性能评价综合实验

一、实验目的

(1)掌握CO_2加氢制取低碳烯烃的实验原理和方法。

(2)掌握CO_2加氢制取低碳烯烃催化剂的制备方法和原理。

(3)了解CO_2加氢制取低碳烯烃催化剂催化性能的评价方法,掌握催化剂制备仪器、催化剂活性评价装置(固定床反应器)以及产物分析仪器(气相色谱)的使用和分析方法,提高实验技能。

(4)掌握催化剂制备方法、催化剂结构、催化剂活性的内在规律。

二、实验原理

本实验所用的催化剂是$ZnMnO_x$/SAPO-34双功能复合催化剂。$ZnMnO_x$为ZnO/Mn_2O_3;SAPO-34分子筛是一种结晶硅铝磷酸盐,其骨架由PO_4、SiO_4和AlO_4四面体连接而成,具有八元环构成的椭球形笼(CHA)和三维交叉孔道。

具体过程如下:CO_2在锌锰氧化物催化剂上氢化反应生成甲醇,在该过程中氧空位发挥着关键作用,为CO_2吸附和活化的活性位,固溶体中某一部分是CO_2/H_2合成甲醇的活性中心,锌与锰的协同作用有效地促进了氧空位的形成,继而有效地吸附和活化CO_2,氢离子通过一步步与吸附CO_2的活性位结合,最终生成甲醇。其反应如图15-1所示。

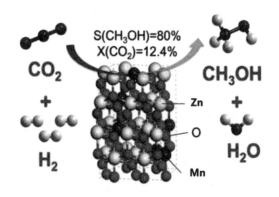

图 15-1　CO_2加氢制甲醇反应示意图

在锌锰固溶体表面生成的甲醇会立即在SAPO-34催化剂上参与脱水反应生成低碳烯烃,甲醇制烯烃的反应过程分为以下三个步骤:

①在SAPO-34催化剂表面的酸位生成甲氧基或二甲醚。

②第一个C-C烯烃键的生成,遵循的是烃池机理。

③最后生成C3、C4甚至高碳烃类。这一步中多甲基苯是反应活性中间体,即碳池物种,环上甲基数越多,活性越高,越容易断裂生成烃类。烃池机理认为甲醇不断与"烃池"活性物种反应,在芳环上生成侧链烷基,然后脱侧链烷基生成乙烯、丙烯等,该观点被称作"环外甲基化"路线。

三、实验装置及实验用品

(1)实验装置:固定床、气相色谱、天平、水浴锅、pH计、循环水真空抽滤装置、烘箱、马弗炉、压片机、模具、筛网。

(2)实验用品:$Zn(NO_3)_2 \cdot 6H_2O$、$Mn(NO_3)_2 \cdot 4H_2O$、蒸馏水、保鲜膜、碳酸铵/碳酸氢钠/氢氧化钠、烧杯、钥匙、漏斗、称量纸、滤纸、量筒(100mL)、三口烧瓶。

四、实验步骤

(一)催化剂制备

采用共沉淀法制备$ZnO-Mn_2O_3$催化剂,按一定质量比将原$Zn(NO_3)_2 \cdot 6H_2O$和$Mn(NO_3)_2 \cdot 4H_2O$配置成0.2mol/L的锰锌混合溶液,在一定温度并在搅拌条件下的混合溶液中以3mL/min的速度加入1.0mol/L的碳酸铵,控制沉淀体系的pH为一定值(pH=7),搅拌老化2h,洗涤抽滤,在105℃烘干10h、一定温度下(按设定的气氛条件)焙烧5h制得$ZnO-Mn_2O_3$,研磨至过200目筛网备用,记为$ZnO-Mn_2O_3-CP$。最后,经过压制、粉碎至20—40目的颗粒,以备催化剂性能评价使用。

具体操作步骤如下:

(1)称量9.2312g $Zn(NO_3)_2 \cdot 6H_2O$和8.1121g $Mn(NO_3)_2 \cdot 4H_2O$放入500mL的三口烧瓶中,放入转子,再加入316mL的去离子水,封住三口烧瓶的口,放入水浴锅中开始磁力搅拌,设置水浴温度为70℃。

(2)取250mL烧杯称量加入9.61g碳酸铵,加入100mL水搅拌,直至全部溶解。

(3)待水浴锅温度升到设定值(70℃)后,开始在三口烧瓶中开始滴加碳酸铵溶液。

(4)待滴加碳酸铵溶液调节反应体系pH值为7时,停止滴加碳酸铵溶液并封口,开始计时老化,时间为2h。

(5)老化结束后,将装有物料的三口烧瓶自然冷却至室温后,抽滤并用去离子水洗涤数次。

(6)将抽滤后得到的固体转入瓷蒸发皿中并置于烘箱内,在105℃下烘干10h。

(7)将烘干后的固体转移至坩埚中,放入马弗炉中焙烧(设置5℃/min的升温速率,在500℃的温度下进行焙烧)5h,焙烧结束后冷却煅烧后的催化剂至室温并研磨过200目筛网。

(8)将上述制备的催化剂用模具压制成片,然后粉碎并用20目和40目的筛网筛出20—40目的颗粒,以备后续催化剂性能评价的使用。

(二)催化剂的性能评价

1.催化剂评价装置

催化剂评价装置如图15-2所示。

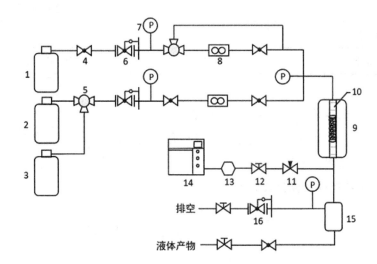

1—N₂;2—H₂;3—CO₂/H₂;4—截止阀;5—三通阀;6—稳压阀;7—压力表;
8—质量流量计;9—加热炉;10—反应管;11—针形调节阀;12—微调阀;
13—六通球阀;14—气相色谱;15—气液分离器;16—背压阀。

图15-2　催化剂性能评价设备

CO_2加氢制低碳烯烃催化剂性能评价在加压固定床反应器上实现,具体反应流程为:取1.0g催化剂填装在固定床不锈钢反应管的恒温区(上下部分用石英棉填装),仪器检漏合格后,通高纯氢气于一定温度(还原温度由不同催化剂的H_2还原特性而定)下还原4h,降温至设定反应温度,切换反应气($CO_2 + H_2$)进入系统,同时通入N_2调节空速,调节反应器压力为设定值。控制反应器原料比$V(H_2)/V(CO_2)$为3:1。

采用GC9560型气相色谱仪(TCD)在线检测反应产物中的CO、CH_4、CO_2的含量,采用GC9560型气相色谱仪(FID)在线检测反应产物中的CH_4、C_2H_4、C_2H_6、C_3H_6、C_3H_8、C_4H_8等烃类有机物的含量,各组分成分及含量根据其在色谱柱中停留时间的差异来实现分离。

气相色谱分析的设定条件如表15-1所示。

表15-1　气相色谱分析条件

名称	FID检测器	TCD检测器
色谱柱	PorapakQ填充柱	TDX-01碳分子筛填充柱
柱炉温度	50℃程序升温至120℃	50℃
汽化室	120℃	80℃
检测室	200℃	200℃
桥流	—	120mA
载气	N_2	H_2
柱前压	0.1MPa	0.08MPa

2.CO_2转化率、低碳烯烃的选择性分析方法

通过CO_2转化率、低碳烯烃的选择性评价催化剂的性能。CO_2转化率及产物选择性按照CH_4在两图谱中的峰面积之比采用归一法计算,CO_2转化率用χ表示,产物选择性用S表示。CO_2转化率及产物选择性计算公式如下:

$$\chi_{CO_2} = \frac{反应的CO_2归一量}{反应的CO_2归一量 + 未反应的CO_2归一量} \tag{15-1}$$

反应的CO_2归一量 =
$$1 + \frac{A_{CO}f_{CO}}{A_T} + \frac{2A_{乙烷}f_{乙烷} + 2A_{乙烯}f_{乙烯} + 3A_{丙烷}f_{丙烷} + 3A_{丙烯}f_{丙烯} + \cdots + nA_{n烷}f_{n烷} + nA_{n烯}f_{n烯}}{A_F} \tag{15-2}$$

$$未反应的CO_2归一量 = \frac{A_{CO_2}f_{CO_2}}{A_T} \tag{15-3}$$

$$S_{CO} = \frac{A_{CO}f_{CO}}{反应的CO_2归一量 \times A_T} \tag{15-4}$$

$$S_{C_nH_{2n}} = n \times \frac{A_{n烯}f_{n烯}}{反应的CO_2归一量 \times A_F} \tag{15-5}$$

$$S_{C_nH_{2n+2}} = n \times \frac{A_{n烷}f_{n烷}}{反应的CO_2归一量 \times A_F} \tag{15-6}$$

式(15-1)—式(15-2)中，A_x为组分x的色谱峰面积；f_x为组分x相对于CH_4的相对校正因子；A_T为TCD检测器中CH_4的色谱峰面积；A_F为FID检测器中CH_4的色谱峰面积。

各组分x相对于CH_4的相对校正因子f_x，需由配制的标准混合气计算得出，根据标准混合气检测出的各个组分在检测器中的停留时间如图15-3所示。f_x的计算公式如下，由该式计算得出的f_x数值如表15-2所示。

$$f_x = \frac{f_x^{\circ}}{f_{CH_4}^{\circ}} = \frac{M_x A_{CH_4}}{M_{CH_4} A_x} \tag{15-7}$$

式中，f_x°为组分x的校正因子；M_x为组分x的物质的量；A_x为组分x的色谱峰面积。

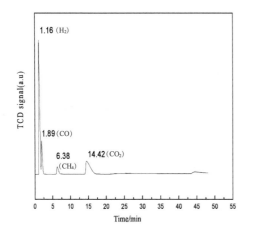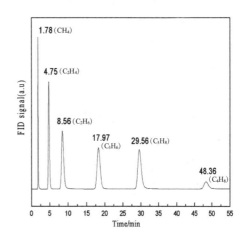

图15-3　各个组分在检测器中的停留时间

表15-2　尾气中各组分的相对校正因子f_x

组分	检测器	停留时间/min	峰面积/(Au·min)	摩尔组成$y_{(i)}$/%	相对校正因子$f_{x(i,\ 甲烷)}$
CO	TCD	1.89	1630192	31.82	0.5743
CH_4	TCD	6.36	668833.6	22.73	1.0000
CO_2	TCD	14.42	3103800.7	45.45	0.4309
CH_4	FID	1.78	1341459	21.82	1.0000
C_2H_4	FID	4.75	2738529	21.82	0.4898
C_2H_6	FID	8.56	2841101	18.18	0.3934
C_3H_6	FID	17.97	3049351	18.18	0.3665
C_3H_8	FID	29.56	3190011	16.36	0.3153
C_4H_8	FID	48.36	773814.3	3.64	0.2891

五、实验数据记录与处理

根据实验过程,自行设计表格进行数据及现象的记录。

六、实验结果与讨论

(1)讨论催化剂的不同制备方法的优缺点。

(2)在催化剂制备过程中,哪些是催化剂质量的关键控制因素?

(3)考察反应温度、反应压力及空速对催化性能的影响。

七、注意事项

(1)高压固定床使用过程中需进行气体检漏,严格按照固定床使用方法使用仪器,以保证实验安全性。

(2)气相色谱使用过程中严格按照其操作规程进行。

(3)操作高温的实验,必须戴防高温手套。

附　录

部分特殊试剂的存放和使用

一、易燃固体试剂

1. 黄磷

黄磷又名白磷,应存放于盛水的棕色广口瓶里,水应保持将磷全部浸没;再将试剂瓶埋在盛硅石的金属罐或塑料筒里。取用时,因其易氧化,燃点低,有剧毒,能灼伤皮肤,故应在水下面用镊子夹住,小刀切取,掉落的碎块要全部收口,防止抛撒。

2. 红磷

红磷又名赤磷,应存放在棕色广口瓶中,务必保持干燥。取用时要用药匙,勿近火源,避免和灼热物体接触。

3. 钠、钾

金属钠、钾应存放于无水煤油、液体石蜡或甲苯的广口瓶中,瓶口用塞子塞紧。若用软木塞,还需涂石蜡密封。取用时切勿与水或溶液相接触,否则易引起火灾。取用方法与白磷相似。

二、易挥发出腐蚀气体的试剂

1. 液溴

液溴密度较大,极易挥发,蒸气极毒,皮肤溅上溴液后会造成灼伤,故应将液溴贮存在密封的棕色磨口细口瓶内。为防止其扩散,一般要在溴的液面上加水,起到封闭作用,再将液溴的试剂瓶盖紧放于塑料筒中,置于阴凉、不易碰翻处。

取用时,要用胶头滴管伸入水面下液溴中,迅速吸取少量后,密封放还原处。

2.浓氨水

浓氨水极易挥发,要用有塑料塞和螺旋盖的棕色细口瓶,贮放于阴凉处。使用时,开启浓氨水的瓶盖要十分小心,因瓶内气体压强较大,有可能冲出瓶口使氨液外溅,所以要用塑料薄膜等遮住瓶口,使瓶口不对着任何人,再开启瓶塞。特别是气温较高的夏天,可先用冷水降温后再启用。

3.浓盐酸

浓盐酸极易放出氯化氢气体,具有强烈的刺激性气味,所以应盛放于磨口细口瓶中,置于阴凉处,要远离浓氨水贮放。

取用或配制这类试剂的溶液时,若量较大,接触时间又较长,还应戴上防毒口罩。

三、易燃液体试剂

乙醇、乙醚、二硫化碳、苯、丙醇等的沸点很低,极易挥发又易着火,故应盛于既有塑料塞又有螺旋盖的棕色细口瓶里,置于阴凉处。取用时勿近火种。其中,常在二硫化碳的瓶中注少量重水,起"水封"作用。因为二硫化碳沸点极低,为46.3℃,密度比水大,为1.26g/cm³,且不溶于水,水封保存能防止其挥发。常在乙醚的试剂瓶中,加少量铜丝,防止乙醚因变质而生成易爆的过氧化物。

四、易升华的物质

易升华的物质有多种,如碘、干冰、萘、蒽、苯甲酸等。其中碘片升华后,其蒸气有腐蚀性,且有毒。这类固体物质均应存放于棕色广口瓶中,密封放置于阴凉处。

五、剧毒试剂

剧毒试剂常见的有氰化物、砷化物、汞化合物、铅化合物、可溶性钡的化合物以及汞、黄磷等。这类试剂要求与酸类物质隔离,放于干燥、阴凉处,专柜加锁。取用时应在指导下进行。

实验时取用少量汞时,可用拉成毛细管的滴管吸取,倘若不慎将汞溅落地面,可先用涂上盐酸的锌片去粘拾,汞可与锌形成锌汞齐,然后用盐酸或稀硫酸将锌溶解后,即可把汞回收。而残留在地面上的微量汞,应用硫磺粉逐一盖上或洒上氯化铁溶液将其除去,否则汞蒸气遗留在空气中将造成危害性事故。

六、易变质的试剂

1.固体烧碱

氢氧化钠极易潮解,并可吸收空气中的二氧化碳而变质不能使用,所以应当保存在广口瓶或塑料瓶中,塞子用蜡涂封。特别要注意避免使用玻璃塞,以防粘结。氢氧化钾与此相同。

2.碱石灰、生石灰、碳化钙(电石)、五氧化二磷、过氧化钠等

上述试剂都易与水蒸气或二氧化碳发生作用而变质,它们均应密封贮存。特别是取用后,注意将瓶塞塞紧,放置于干燥处。

3.硫酸亚铁、亚硫酸钠、亚硝酸钠等

上述试剂具有较强的还原性,易被空气中的氧气等氧化而变质。要密封保存,并尽可能减少与空气的接触。

4.其他

过氧化氢、硝酸银、碘化钾、浓硝酸、亚铁盐、三氯甲烷(氯仿)、苯酚、苯胺等这些试剂受光照后会变质,有的还会放出有毒物质。它们均应按其状态保存在不同的棕色试剂瓶中,且避免光线直射。

化学化工实验室意外事故的应急处理办法

一、化学药品中毒的应急处理

(一)一般应急处理方法

化学药品中毒,要根据化学药品的毒性特点及中毒程度采取相应措施,并及时送医院治疗。

1.吸入时的处理方法

应先将中毒者转移到室外,解开衣领和纽扣,让患者进行深呼吸,必要时进行人工呼吸。待呼吸好转后,立即送医院治疗。

2.吞食药品时的处理方法

(1)为了降低胃液中药品的浓度,延缓毒物被人体吸收的速度并保护胃黏膜,可饮食下列食物:牛奶、打溶的鸡蛋、面粉、淀粉、土豆泥的悬浮液以及水等。也可在500mL的蒸馏水中,加入50g活性炭,用前再加400mL蒸馏水,并把它充分摇动润湿,然后分次少量吞服。一般10—15g活性炭可吸收1g毒物。

(2)催吐。用手指或匙子的柄摩擦患者的喉头或舌根,使其呕吐。若用上述方法还不能催吐,可在半酒杯水中,加入15mL吐根糖浆(催吐剂之一),或在80mL热水中溶解一茶匙食盐饮服。但吞食酸、碱之类腐蚀性药品或烃类液体时,由于易发生胃穿孔,或胃中的食物一旦吐出易进入气管造成危险,因而不要进行催吐。

(3)吞服万能解毒剂(2份活性炭、1份氧化镁和1份丹宁酸的混合物)。用时可取2—3茶匙此药剂,加入一酒杯水,调成糊状物吞服。

3.药品溅入口内的处理方法

药品溅入口内后,应立即吐出并用大量清水漱口。

(二)常见化学药品中毒的应急处理方法

1.强酸(致命剂量1mL)

吞服强酸后,应立即服200mL氧化镁悬浮液,或氢氧化铝凝胶、牛奶及水等,迅速将毒物稀释,然后至少再吃十几个打溶的鸡蛋作为缓和剂。由于碳酸钠或碳酸氢钠会产生大量二氧化碳气体,故不要使用。

2.强碱(致命剂量1g)

吞食强碱后,应立即用食道镜观察,直接用1%的醋酸水溶液将患处洗至中性,然后迅速服用500mL稀的食用醋(1份食用醋加4份水)或鲜橘子汁将其稀释。

3.氨气

应立即将患者转移到室外空气新鲜的地方,然后输氧。当氨气进入眼睛时,让患者躺下,用水洗涤眼角膜5—8min后,再用稀醋酸或稀硼酸溶液洗涤。

4.卤素气体

应立即将患者转移到室外空气新鲜的地方,保持安静。吸入氯气时,给患者嗅1:1的乙醚与乙醇的混合蒸气。吸入溴蒸气时,则应给患者嗅稀氨水。

5.二氧化硫、二氧化氮、硫化氢气体

应立即将患者转移到室外空气新鲜的地方,保持安静。药品进入眼睛时,应用大量水冲洗,并用水洗漱咽喉。

6.汞(致命剂量70mg $HgCl_2$)

吞服后,应立即洗胃,也可口服生蛋清、牛奶和活性炭作沉淀剂,导泻用50%硫酸镁。常用的汞解毒剂有二巯基丙醇、二巯基丙磺酸钠。

7.钡(致命剂量1g)

将30g硫酸钠溶于200mL水中,给患者服用,也可用洗胃导管注入胃内。

8.硝酸银

将3—4茶匙食盐溶于一杯水中,给患者服用,然后服用催吐剂,或者进行洗胃,或者给患者饮牛奶,接着用大量水吞服30g硫酸镁。

9.硫酸铜

将0.1—0.3g亚铁氰化钾溶于1杯水中,给患者服用。也可饮用适量肥皂水或碳酸钠溶液。

10.氰(致命剂量0.05g)

吸入氰化物后,应立即将患者转移到室外空气新鲜的地方,使其横卧。然后将沾有氰化物的衣服脱去,立即进行人工呼吸。

吞食氰化物后,同样应将患者转移到空气新鲜的地方,并用手指或汤匙柄摩擦患者的舌根部,使之立刻呕吐,决不要等待洗胃工具到来才处理。因为患者在数分钟内即有死亡的危险。

不管怎样,要立即进行处理。每隔2min给患者吸入亚硝酸异戊酯15—30s,这样氰基便与高铁血红蛋白结合,生成无毒的氰络高铁血红蛋白。接着再给患者饮用硫代硫酸盐溶液,使氰络高铁血红蛋白解离,并生成硫氰酸盐。

11.烃类化合物(致命剂量10—50mL)

将患者转移到室外空气新鲜的地方。如果呕吐物进入呼吸道,则会发生严重的危险事故。所以,除非患者平均每千克体重吞食烃类化合物超过1mL,否则应尽量避免洗胃或使用催吐剂。

12.甲醇(致命剂量30—60mL)

可用1%—2%的碳酸氢钠溶液充分洗胃。然后将患者转移到暗室,以控制二氧化碳的结合能力。为了防止酸中毒,每隔2—3h吞服5—15g碳酸氢钠。同时,为了阻止甲醇代谢,在3—4天内,每隔2h,以平均每千克体重0.5mL的量口服50%的乙醇溶液。

13.乙醇(致命剂量300mL)

首先用自来水洗胃,除去未吸收的乙醇。然后一点一点地吞服4g碳酸氢钠。

14.酚类化合物(致命剂量2g)

吞食酚类化合物后,应立即给患者饮自来水、牛奶或吞食活性炭以减缓毒物被吸收的程度,然后应反复洗胃或进行催吐,再口服60mL蓖麻油和硫酸钠溶液(将30g硫酸钠溶于200mL水中)。千万不可服用矿物油或用乙醇洗胃。

15.乙醛(致命剂量5g)和丙酮

可用洗胃或服用催吐剂的方法除去胃中的药物,随后应服泻药。若呼吸困难,应给患者输氧。丙酮一般不会引起严重的中毒。

16.草酸(致命剂量4g)

应给患者口服下列溶液使其生成草酸钙沉淀:①在200mL水中溶解30g丁酸钙或其他钙盐制成的溶液;②可饮服大量牛奶,也可饮用用牛奶打溶的鸡蛋白,起镇痛作用。

17.氯代烃

吞食氯代烃后,应用自来水洗胃,然后饮服硫酸钠溶液(将30g硫酸钠溶于200mL水中)。千万不要喝咖啡之类的兴奋剂。

吸入氯仿后,应将患者的头降低,让患者伸出舌头,保持呼吸道畅通。

18.苯胺(致命剂量1g)

如果苯胺沾到皮肤上,应用肥皂和水将污物擦洗除去。若吞食,应先洗胃,然后服用泻药。

19.三硝基甲苯(致命剂量1g)

沾到皮肤上时,应用肥皂和水尽量将污物擦洗干净。若吞食,首先应洗胃或用催吐剂进行催吐,待大部分三硝基甲苯排出体外后,再服用泻药。

20.甲醛(致命剂量60mL)

吞食甲醛后,应立即服用大量牛奶,再用洗胃或催吐等方法进行处理,待吞食的甲醛排出体外,再服用泻药。如果可能,可服用1%的碳酸铵水溶液。

21.二硫化碳

吞食二硫化碳后,首先应洗胃或用催吐剂进行催吐,让患者躺下,并加以保暖,保持通风良好。

22.一氧化碳(致命剂量1g)

首先应熄灭火源,并将患者转移到室外空气新鲜的地方,使患者躺下,并加以保暖。为了使患者尽量减少氧气的消耗量,一定要让患者保持安静。呕吐时,要及时清除呕吐物,以确保呼吸道畅通,同时应进行输氧。

二、化学药品灼伤的应急处理

化学药品灼伤时,要根据药品性质及灼伤程度采取相应措施。

(1)若试剂进入眼中,切不可用手揉眼,应先用抹布擦去溅在眼外的试剂,再用水冲洗。若是碱性试剂,需再用饱和硼酸溶液或1%醋酸溶液冲洗;若是酸性试剂,需先用碳酸氢钠稀溶液冲洗,再滴入少许蓖麻油。若一时找不到上述溶液而情况危急时,可用大量蒸馏水或自来水冲洗,再送医院治疗。

(2)当皮肤被强酸灼伤时,首先应用大量水冲洗10—15min,以防止灼伤面积进一步扩大,再用饱和碳酸氢钠溶液或肥皂液进行洗涤。但是,当皮肤被草酸灼伤时,不宜使用饱和碳酸氢钠溶液进行中和,这是因为碳酸氢钠碱性较强,会产生刺激,应当使用镁盐或钙盐进行中和。

(3)当皮肤被强碱灼伤时,尽快用水冲洗至皮肤不滑为止,再用稀醋酸或柠檬汁等进行中和。但是,当皮肤被生石灰灼伤时,则应先用油脂类的物质除去生石灰,再用水进行冲洗。

(4)当皮肤被液溴灼伤时,应立即用2%硫代硫酸钠溶液冲洗至伤处呈白色;或先用酒精冲洗,再涂上甘油。眼睛受到溴蒸气刺激不能睁开时,可对着盛酒精的瓶内注视片刻。

(5)当皮肤被酚类化合物灼伤时,应先用酒精洗涤,再涂上甘油。

三、起火与爆炸的应急处理

实验室起火或爆炸时,要立即切断电源,打开窗户,熄灭火源,移开尚未燃烧的可燃物,根据起火或爆炸原因及火势采取不同方法灭火并及时报告。

(一)灭火方法

(1)地面或实验台面着火,若火势不大,可用湿抹布或砂土扑灭。

(2)反应器内着火,可用灭火毯或湿抹布盖住瓶口灭火。

(3)有机溶剂和油脂类物质着火,火势小时,可用湿抹布或砂土扑灭,或撒上干燥的碳酸氢钠粉末灭火;火势大时,必须用二氧化碳灭火器、泡沫灭火器或四氯化碳灭火器扑灭。

(4)电起火,立即切断电源,用二氧化碳灭火器或四氯化碳灭火器灭火(四氯化碳蒸气有毒,应在空气流通的情况下使用)。

(5)衣服着火,切勿奔跑,应迅速脱衣,用水浇灭;若火势过猛,应就地卧倒打滚灭火。

(二)烧伤的应急处理

应根据烧伤的程度,采取不同的方法进行救治。我国按"三度四级法"对烧伤的深度进行分级:①Ⅰ度烧伤:伤及表皮层;临床见局部红斑,无水疱,烧灼性疼痛;1周内愈合。②浅Ⅱ度烧伤:伤及真皮浅层,部分生发层健在。有水疱,水疱基底潮红,剧痛,2周内愈合,愈合后无瘢痕,可有色素沉着或脱失。③深Ⅱ度烧伤:伤及真皮深层,皮肤附件健在。临床见有水疱,水疱基底红白相间,痛觉迟钝,3—4周愈合,愈合后有瘢痕。④Ⅲ度烧伤:伤及全层皮肤,甚至皮下组织、肌肉、骨骼。无水疱,焦痂,有树枝状栓塞血管,无痛,不能自愈。

烧伤现场急救的基本原则:

(1)迅速脱离致伤源。迅速脱去着火的衣服或采用水浇灌或卧倒打滚等方法熄灭火焰。切忌奔跑喊叫,以防增加头面部、呼吸道损伤。

(2)立即冷疗。冷疗是用冷水冲洗、浸泡或湿敷。为了防止发生疼痛和损伤细胞,烧伤后应迅速采用冷疗的方法,在6h内有较好的效果。冷却水的温度控制在10—15℃为宜,冷却时间一般为0.5—2h。对于不便洗涤的脸、躯干等部位,可用自来水润湿2—3条毛巾,包上冰片,把它敷在烧伤面上,并经常移动毛巾,以防同一部位过冷。若患者口腔疼痛,可口含冰块。

(3)保护创面。现场烧伤创面无需特殊处理。尽可能保留水疱皮完整,不要撕去腐皮,同时用干净的被单进行简单的包扎即可。创面忌涂有颜色药物及其他物质,如龙胆紫、红汞、酱油等,也不要涂膏剂如牙膏等,以免影响对创面深度的判断和处理。

(4)镇静止痛。尽量减少镇静止痛药物的使用,如遇到疼痛敏感伤者可皮下注射杜冷丁、异丙嗪等药物;若伤者持续躁动不安,应考虑是否有休克现象,切不可盲目使用镇静剂。

(5)液体治疗。烧伤面积达到一定程度,患者可能发生休克。若伤者出现犯渴要水的早期休克症状,可少量饮用淡盐水,一般一次口服不宜超过50mL。不要让伤者大量饮用白开水或糖水,以防胃扩张或脑水肿。深度休克需静脉补液。静脉输液以等渗盐水、平衡液为主的晶体,依据条件可补低右、血浆等胶体。通常晶体与胶体的比例以1:1或2:1为宜。同时可适量补充一些5%—10%的葡萄糖液,忌单独大量输注葡萄糖液,尤其是病情严重需长距离转送的患者。

(6)转送治疗。原则上就近急救,若遇危重患者,当地无条件救治,需及时转送至条件好的医院。转送过程中需要注意几方面:①保证输液,减少休克发生的可能性。②保持呼吸道通畅。伴有吸入性损伤者,轻度需抬高头部,中度需气管插管,重度需气管切开。③留置导尿管,观察尿量。成人最好保证80—100mL/h;小孩1mL/h.kg体重。④注意对创面进行简单包扎。⑤注意复合伤的初步处理。⑥注意患者的保暖。⑦运输途中要尽量减少颠簸,减少休克发生的可能性。

(三)烫伤的应急处理

烫伤时,如伤势较轻,涂上苦味酸或烫伤软膏即可;如伤势较重,不能涂烫伤软膏等油脂类药物,可撒上纯净的碳酸氢钠粉末,并立即送医院治疗。

四、玻璃割伤的应急处理

化学实验室中最常见的外伤是由玻璃仪器或玻璃管的破碎引发的。作为紧急处理,首先应止血,以防大量流血引起休克。原则上可直接压迫损伤部位进行止血。即使损伤动脉,也可用手指或纱布直接压迫损伤部位止血。

由玻璃片或管造成的外伤,首先必须检查伤口内有无玻璃碎片,以防压迫止血时将碎玻璃片压深。若有碎片,应先用镊子将玻璃碎片取出,再用消毒棉花和硼酸溶液或双氧水洗净伤口,再涂上红汞或碘酒(两者不能同时使用)并包扎好。若伤口太深,流血不止,可在伤口上方约10cm处用纱布扎紧,压迫止血,并立即送医院治疗。

物性参数表

表 1 水的物理性质

温度 /°C	压力 /(×10⁵Pa)	密度 /(kg·m⁻³)	焓 /(kJ·kg⁻¹)	比热容 /[kJ/(kg·K)]	热导率 /[W/(m·K)]	黏度 /mPa·s	运动黏度 /(10⁻⁵m²·s⁻¹)	体积膨胀系数 /(×10⁻³°C⁻¹)	表面张力 /(mN·m⁻¹)
0	1.013	999.9	0	4.212	0.551	1.789	0.1789	-0.063	75.6
10	1.013	999.7	42.0	4.191	0.575	1.305	0.1306	0.070	74.1
20	1.013	998.2	83.9	4.183	0.599	1.005	0.1006	0.182	72.7
30	1.013	995.7	125.8	4.174	0.618	0.801	0.0805	0.321	71.2
40	1.013	992.2	167.5	4.174	0.634	0.653	0.0659	0.387	69.6
50	1.013	988.1	209.3	4.174	0.648	0.549	0.0556	0.449	67.7
60	1.013	983.2	251.1	4.178	0.659	0.470	0.0478	0.511	66.2
70	1.013	977.8	293.0	4.187	0.668	0.406	0.4150	0.570	64.3
80	1.013	971.8	334.9	4.195	0.675	0.355	0.0365	0.632	62.6
90	1.013	965.3	377.0	4.208	0.680	0.315	0.0326	0.695	60.7
100	1.013	958.4	419.1	4.220	0.683	0.283	0.0295	0.752	58.8
110	1.433	951.0	461.3	4.233	0.685	0.259	0.0272	0.808	56.9
120	1.986	943.1	503.7	4.250	0.686	00237	0.0252	0.864	54.8
130	2.702	934.8	546.4	4.266	0.686	0.218	0.0233	0.919	52.8
140	3.624	926.1	589.1	4.287	0.685	0.201	0.0217	0.972	50.7
150	4.761	917.0	632.2	4.312	0.684	0.186	0.0203	1.03	48.6

续表

温度 /℃	压力 /(×10⁵Pa)	密度 /(kg·m⁻³)	焓 /(kJ·kg⁻¹)	比热容 /[kJ/(kg·K)]	热导率 /[W/(m·K)]	黏度 /mPa·s	运动黏度 /(10⁻⁵m²·s⁻¹)	体积膨胀系数 /(×10⁻³℃⁻¹)	表面张力 /(mN·m⁻¹)
160	6.481	907.4	675.3	4.346	0.683	0.173	0.0191	1.07	46.6
170	7.924	987.3	719.3	4.386	0.679	0.163	0.0181	1.13	45.3
180	10.03	886.9	763.3	4.417	0.675	0.153	0.0173	1.19	42.3
190	12.55	876.0	807.6	4.459	0.670	0.144	0.0165	1.26	40.0
200	15.54	863.0	852.4	4.550	0.663	0.136	0.0158	1.33	37.7
210	19.07	852.8	897.6	4.555	0.655	0.130	0.0153	1.41	35.4
220	23.20	840.3	943.7	4.614	0.645	0.124	0.0148	1.48	33.1
230	27.98	827.3	990.2	4.681	0.637	0.120	0.0145	1.59	31.0
240	33.47	813.6	1038	4.756	0.628	0.115	0.0141	1.68	28.5
250	39.77	799.0	1086	4.844	0.618	0.110	0.0137	1.81	26.2
260	46.93	784.0	1135	4.949	0.604	0.106	0.0135	1.91	23.8
270	55.03	767.9	1185	5.070	0.590	0.102	0.0133	2.16	21.5
280	64.16	750.7	1237	5.229	0.575	0.098	0.0131	2.37	19.1
290	74.42	732.3	1290	5.485	0.558	0.094	0.0129	2.62	16.9
300	85.81	712.5	1345	5.730	0.540	0.091	0.0128	2.92	14.4
310	98.76	691.1	1402	6.071	0.523	0.088	0.0128	3.29	12.1
320	113.0	667.1	1462	6.573	0.506	0.085	0.0128	3.82	9.81
330	128.7	640.2	1526	7.24	0.484	0.081	0.0127	4.33	7.67
340	146.1	610.1	1595	8.16	0.47	0.077	0.0127	5.34	5.67
350	165.3	574.4	1671	9.50	0.43	0.073	0.0126	6.68	3.81
360	189.6	528.0	1761	13.98	0.40	0.067	0.0126	10.9	2.02
370	210.4	450.5	1892	40	0.34	0.057	0.0126	26.4	4.71

表2　水的饱和蒸气压表(−20—100℃)

温度 t/℃	压力 p/Pa	温度 t/℃	压力 p/Pa	温度 t/℃	压力 p/Pa
−20	102.92	21	2486.42	62	21837.82
−19	113.32	22	2646.40	63	22851.05
−18	124.65	23	2809.05	64	23904.28
−17	136.92	24	2983.70	65	24997.50
−16	150.39	25	3167.68	66	26144.05
−15	165.05	26	3361.00	67	27330.60
−14	180.92	27	3564.98	68	28557.14
−13	198.11	28	3779.62	69	29823.68
−12	216.91	29	4004.93	70	31156.88
−11	237.31	30	4242.24	71	32516.75
−10	259.44	31	4492.88	72	33943.27
−9	283.31	32	4754.19	73	35423.12
−8	309.44	33	5030.16	74	36956.30
−7	337.57	34	5319.47	75	38542.81
−6	368.10	35	5623.44	76	40182.65
−5	401.03	36	5940.74	77	41875.81
−4	436.76	37	6275.37	78	43635.64
−3	475.42	38	6619.34	79	45462.12
−2	516.75	39	6691.30	80	47341.93
−1	562.08	40	7375.26	81	49288.40
0	610.47	41	7777.89	82	51314.87
1	657.27	42	8199.18	83	53407.99
2	705.26	43	8639.14	84	55567.78
3	758.59	44	9100.42	85	57807.55
4	813.25	45	9583.04	86	60113.99
5	871.91	46	10085.66	87	62220.44
6	934.57	47	10612.27	88	64940.17
7	1001.23	48	11160.22	89	67473.25
8	1073.23	49	11734.83	90	70099.66
9	1147.89	50	12333.43	91	72806.05
10	1227.88	51	12958.70	92	75592.44

温度 t/℃	压力 p/Pa	温度 t/℃	压力 p/Pa	温度 t/℃	压力 p/Pa
11	1311.87	52	13611.97	93	78472.15
12	1402.53	53	14291.90	94	81445.19
13	1497.18	54	14998.50	95	84511.55
14	1598.51	55	15731.76	96	87671.23
15	1705.16	56	16505.02	97	90937.57
16	1817.15	57	17304.94	98	94297.24
17	1937.14	58	18144.85	99	97750.22
18	2063.79	59	19011.43	100	101325.00
19	2197.11	60	19910.00		
20	2338.43	61	20851.25		

表3　饱和水蒸气表（按温度排序）

温度 t /℃	绝压 /kPa	蒸汽的比体积 /(m³·kg⁻¹)	蒸汽的密度 /(kg·m⁻³)	焓（液体） /(kJ·kg⁻¹)	焓（蒸汽） /(kJ·kg⁻¹)	汽化热 /(kJ·kg⁻¹)
0	0.6112	206.2	0.00485	−0.05	2500.5	2500.5
5	0.8725	147.1	0.00680	21.02	2509.7	2486.7
10	1.2228	106.3	0.00941	42.00	2518.9	2476.9
15	1.7053	77.9	0.01283	62.95	2528.1	2465.1
20	2.3339	57.8	0.01719	83.86	2537.2	2453.3
25	3.1687	43.36	0.02306	104.77	2546.3	2441.5
30	4.2451	32.90	0.03040	125.68	2555.4	2429.7
35	5.6263	25.22	0.03965	146.59	2564.4	2417.8
40	7.3811	19.53	0.05120	167.50	2573.4	2405.9
45	9.5897	15.26	0.06553	188.42	2582.3	2393.9
50	12.345	12.037	0.0831	209.33	2591.2	2381.9
55	15.745	9.572	0.1045	230.24	2600.0	2369.8
60	19.933	7.674	0.1303	251.15	2608.8	2357.6
65	25.024	6.199	0.1613	272.08	2617.5	2345.4
70	31.178	5.044	0.1983	293.01	2626.1	2333.1
75	38.565	4.133	0.2420	313.96	2634.6	2320.7
80	47.376	3.409	0.2933	334.93	2643.1	2308.1

续表

温度 t /℃	绝压 /kPa	蒸汽的比体积 /(m³·kg⁻¹)	蒸汽的密度 /(kg·m⁻³)	焓(液体) /(kJ·kg⁻¹)	焓(蒸汽) /(kJ·kg⁻¹)	汽化热 /(kJ·kg⁻¹)
85	57.818	2.829	0.3535	355.92	2651.4	2295.5
90	70.121	2.362	0.4234	376.94	2659.6	2282.7
95	84.533	1.983	0.5043	397.98	2667.7	2269.7
100	101.33	1.674	0.5974	419.06	2675.7	2256.6
105	120.79	1.420	0.7042	440.18	2683.6	2243.4
110	143.24	1.211	0.8258	461.33	2691.3	2229.3
115	169.02	1.037	0.9643	482.52	2698.8	2216.3
120	198.48	0.892	1.121	503.76	2706.2	2202.4
125	232.01	0.7709	1.297	525.04	2713.4	2188.3
130	270.02	0.6687	1.495	546.38	2720.4	2174.0
135	312.93	0.5823	1.717	567.77	2727.2	2159.4
140	361.19	0.5090	1.965	589.21	2733.8	2144.6
145	415.29	0.4464	2.240	610.71	2740.2	2129.5
150	475.71	0.3929	2.545	632.28	2746.4	2114.1
160	617.66	0.3071	3.256	675.62	2757.9	2082.3
170	791.47	0.2428	4.119	719.25	2768.4	2049.2
180	1001.9	0.1940	5.155	763.22	2777.7	2014.5
190	1254.2	0.1565	6.390	807.56	2785.8	1978.2
200	1553.7	0.1273	7.855	852.34	2792.5	1940.1
210	1906.2	0.1044	9.579	897.62	2797.7	1900.0
220	2317.8	0.0862	11.600	943.46	2801.2	1857.7
230	2795.1	0.07155	13.98	989.95	2803.0	1813.0
240	3344.6	0.05974	16.74	1037.2	2802.9	1766.1
250	3973.5	0.05011	19.96	1085.3	2800.7	1715.4
260	4689.2	0.04220	23.70	1134.3	2796.1	1661.8
270	5499.6	0.03564	28.06	1184.5	2789.1	1604.5
280	6412.7	0.03017	33.15	1236.0	2779.1	1543.1
290	7437.5	0.02557	39.11	1289.1	2765.8	1476.7
300	8583.1	0.02167	46.15	1344.0	2748.7	1404.7

表4　饱和水蒸气表（按压力排序）

绝压 /kPa	温度 /℃	蒸汽的比体积 /(m³·kg⁻¹)	蒸汽的密度 /(kg·m⁻³)	焓(液体) /(kJ·kg⁻¹)	焓(蒸汽) /(kJ·kg⁻¹)	汽化热 /(kJ·kg⁻¹)
1.0	6.9	129.19	0.00774	29.21	2513.3	2484.1
1.5	13.0	87.96	0.01137	54.47	2524.4	2469.9
2.0	17.5	67.01	0.01492	73.58	2532.7	2459.1
2.5	21.1	54.25	0.01843	88.47	2539.2	2443.6
3.0	24.1	45.67	0.02190	101.07	2544.7	2437.61
3.5	26.7	39.47	0.02534	111.76	2549.31	2437.6
4.0	29.0	34.80	0.02814	121.30	2553.5	2432.2
4.5	31.2	31.14	0.03211	130.08	2557.3	2427.2
5.0	32.9	28.19	0.03547	137.72	2560.61	2422.8
6.0	36.2	23.74	0.04212	151.42	2566.5	2415.0
7.0	39.0	20.53	0.04871	163.31	2571.6	2408.3
8.0	41.5	18.10	0.05525	173.81	2576.1	2402.3
9.0	43.8	16.20	0.06173	183.36	2580.2	2396.8
10	45.8	14.67	0.06817	191.76	2583.7	2392.0
15	54.0	10.02	0.09980	225.93	2598.2	2372.3
20	60.1	7.65	0.13068	251.43	2608.9	2357.5
30	69.1	5.23	0.19120	289.26	2624.6	2335.3
40	75.9	3.99	0.25063	317.61	2636.1	2318.5
50	81.3	3.24	0.30864	340.55	2645.3	2304.8
60	85.9	2.73	0.36630	359.91	2653.0	2293.1
70	90.0	2.37	0.42229	376.75	2659.6	2282.8
80	93.5	2.09	0.47807	391.71	2665.3	2273.6
90	96.7	1.87	0.53384	405.20	2670.5	2265.3
100	99.6	1.70	0.58961	417.52	2675.1	2257.6
120	104.8	1.43	0.69868	439.37	2683.3	2243.9
140	109.3	1.24	0.80758	458.44	2690.2	2231.8
160	113.3	1.092	0.91575	475.42	2696.3	2220.9
180	116.9	0.978	1.0225	490.76	2701.7	2210.9
200	120.2	0.886	1.1287	504.78	2706.5	2201.7
250	127.4	0.719	1.3904	535.47	2716.8	2181.4

续表

绝压 /kPa	温度 /℃	蒸汽的比体积 /(m³·kg⁻¹)	蒸汽的密度 /(kg·m⁻³)	焓(液体) /(kJ·kg⁻¹)	焓(蒸汽) /(kJ·kg⁻¹)	汽化热 /(kJ·kg⁻¹)
300	133.6	0.606	1.6501	561.58	2725.3	2163.7
350	138.9	0.524	1.9074	584.45	2732.4	2147.9
400	143.7	0.463	2.1618	604.87	2738.5	2133.6
450	147.9	0.414	2.4152	623.38	2743.9	2120.5
500	151.9	0.375	2.6673	640.35	2748.6	2108.2
600	158.9	0.316	3.1686	670.67	2756.7	2086.0
700	165.0	0.273	3.6657	697.32	2763.3	2066.0
800	170.4	0.240	4.1614	721.20	2768.9	2047.7
900	175.4	0.215	4.6524	742.90	2773.6	2030.7
1.0×10^3	179.9	0.194	5.1432	762.84	2777.7	2014.8
1.1×10^3	184.1	0.177	5.6339	781.35	2781.2	1999.9
1.2×10^3	188.0	0.163	6.1350	789.64	2787.0	1985.7
1.3×10^3	191.6	0.151	6.6225	814.89	2787.0	1972.1
1.4×10^3	195.1	0.141	7.1038	830.24	2789.4	1959.1
1.5×10^3	198.3	0.132	7.5935	844.82	2791.5	1946.6
1.6×10^3	201.4	0.124	8.0814	858.69	2793.3	1934.6
1.7×10^3	204.3	0.117	8.5470	871.96	2794.9	1923.0
1.8×10^3	207.2	0.110	9.0533	884.67	2796.3	1911.7
1.9×10^3	209.8	0.105	9.5392	896.88	2797.6	1900.7
2.0×10^3	212.4	0.0996	10.0402	908.64	2798.7	1890.0
3.0×10^3	233.9	0.0667	14.9925	1008.2	2803.2	1794.9
4.0×10^3	250.4	0.0497	20.1207	1087.2	2800.51	1713.4
5.0×10^3	264.0	0.0394	25.3663	1154.2	2793.6	1639.5
6.0×10^3	275.6	0.0324	30.8494	1213.3	2783.81	1570.5
7.0×10^3	285.9	0.0274	36.4964	1266.9	2771.7	1504.8
8.0×10^3	295.0	0.0235	42.5532	1316.5	2757.7	1441.2
9.0×10^3	303.4	0.0205	48.8945	1363.1	2741.9	1378.9
1.0×10^4	311.0	0.0180	55.5407	1407.2	2724.5	1317.2
1.2×10^4	324.7	0.0143	69.9301	1490.7	2684.5	1193.8
1.4×10^4	336.7	0.0115	87.3020	1570.4	2637.1	1066.7
1.6×10^4	347.4	0.00931	107.4114	1649.4	2580.2	930.8

绝压 /kPa	温度 /℃	蒸汽的比体积 /(m³·kg⁻¹)	蒸汽的密度 /(kg·m⁻³)	焓(液体) /(kJ·kg⁻¹)	焓(蒸汽) /(kJ·kg⁻¹)	汽化热 /(kJ·kg⁻¹)
$1.8×10^4$	357.0	0.00750	133.3333	1732.0	2509.5	777.4
$2.0×10^4$	365.8	0.00587	170.3578	1827.2	2413.1	585.9

表5　实验相关物质的物性参数

序号	名称	化学式	密度/(g·cm⁻³)	沸点/℃	临界温度/℃	临界压力/MPa
1	甲醇	CH_3OH	0.791	64.8	240.0	7.95
2	乙醇	C_2H_5OH	0.7893	78.3	243.1	6.38
3	乙酸	CH3COOH	1.05	117.9	321.6	5.78
4	乙酸乙酯	$C_4H_8O_2$	0.902	76.6—77.5	250.1	3.83
5	乙醚	$C_4H_{10}O$	0.714	34.5	192.7	3.61
6	二氧化碳	CO_2	1.977g/L(气态,0℃,101.325kPa)、0.9295kg/L(液态,0℃,101.3485kPa)、1.56kg/L(固态,-79℃)	-78.5 (升华)	31.3	7.39
7	环己烷	C_6H_{12}	0.78g/cm³	80.7	280.4	4.05

参考文献

[1]乐清华. 化学工程与工艺专业实验[M]. 北京:化学工业出版社,2017.

[2]李莉,陈虹. 化工专业实验[M]. 重庆:重庆大学出版社,2013.

[3]胡浩斌,李惠成,武芸. 化工专业实验[M]. 天津:天津大学出版社,2017.

[4]李艳红,白宗庆. 煤化工专业实验[M]. 北京:化学工业出版社,2019.

元 素 周 期 表

注：
1. 相对原子质量引自国际纯粹与应用化学联合会 (IUPAC) 相对原子质量表 (2013)，删节至五位有效数字，末尾数的准确度加注在其后括号内。
2. 稳定元素列有其在自然界存在的同位素的质量数；放射性元素、人造元素同位素质量数的选列参考自有关文献。

图例说明：
- 原子序数
- 同位素的质量数（加底线的是天然丰度最大的同位素，红色指放射性同位素）
- 元素符号（红色指放射性元素）
- 相对原子质量（加括号的是放射性元素最长寿命同位素的质量数）
- 元素名称（标*的为人造元素）
- 外层电子构型

19 K 钾 39.098 39 40 41 4s¹

图例：金属 | 稀有气体 | 非金属 | 过渡元素

族/周期	1 IA	2 IIA	3 IIIB	4 IVB	5 VB	6 VIB	7 VIIB	8	9 VIII	10	11 IB	12 IIB	13 IIIA	14 IVA	15 VA	16 VIA	17 VIIA	18 0	电子层	18族电子数
1	1 H 氢 1.008 1s¹																	2 He 氦 4.0026 1s²	K	2
2	3 Li 锂 6.94 2s¹	4 Be 铍 9.0122 2s²											5 B 硼 10.81 2s²2p¹	6 C 碳 12.011 2s²2p²	7 N 氮 14.007 2s²2p³	8 O 氧 15.999 2s²2p⁴	9 F 氟 18.998 2s²2p⁵	10 Ne 氖 20.180 2s²2p⁶	L K	8 2
3	11 Na 钠 22.990 3s¹	12 Mg 镁 24.305 3s²											13 Al 铝 26.982 3s²3p¹	14 Si 硅 28.085 3s²3p²	15 P 磷 30.974 3s²3p³	16 S 硫 32.06 3s²3p⁴	17 Cl 氯 35.45 3s²3p⁵	18 Ar 氩 39.948 3s²3p⁶	M L K	8 8 2
4	19 K 钾 39.098 4s¹	20 Ca 钙 40.078(4) 4s²	21 Sc 钪 44.956 3d¹4s²	22 Ti 钛 47.867 3d²4s²	23 V 钒 50.942 3d³4s²	24 Cr 铬 51.996 3d⁵4s¹	25 Mn 锰 54.938 3d⁵4s²	26 Fe 铁 55.845(2) 3d⁶4s²	27 Co 钴 58.933 3d⁷4s²	28 Ni 镍 58.693 3d⁸4s²	29 Cu 铜 63.546(3) 3d¹⁰4s¹	30 Zn 锌 65.38(2) 3d¹⁰4s²	31 Ga 镓 69.723 4s²4p¹	32 Ge 锗 72.630(8) 4s²4p²	33 As 砷 74.922 4s²4p³	34 Se 硒 78.971(8) 4s²4p⁴	35 Br 溴 79.904 4s²4p⁵	36 Kr 氪 83.798(2) 4s²4p⁶	N M L K	8 18 8 2
5	37 Rb 铷 85.468 5s¹	38 Sr 锶 87.62 5s²	39 Y 钇 88.906 4d¹5s²	40 Zr 锆 91.224(2) 4d²5s²	41 Nb 铌 92.906 4d⁴5s¹	42 Mo 钼 95.95 4d⁵5s¹	43 Tc 锝 (98) 4d⁵5s²	44 Ru 钌 101.07(2) 4d⁷5s¹	45 Rh 铑 102.91 4d⁸5s¹	46 Pd 钯 106.42 4d¹⁰	47 Ag 银 107.87 4d¹⁰5s¹	48 Cd 镉 112.41 4d¹⁰5s²	49 In 铟 114.82 5s²5p¹	50 Sn 锡 118.71 5s²5p²	51 Sb 锑 121.76 5s²5p³	52 Te 碲 127.60(3) 5s²5p⁴	53 I 碘 126.90 5s²5p⁵	54 Xe 氙 131.29 5s²5p⁶	O N M L K	8 18 18 8 2
6	55 Cs 铯 132.91 6s¹	56 Ba 钡 137.33 6s²	57-71 La-Lu 镧系	72 Hf 铪 178.49(2) 5d²6s²	73 Ta 钽 180.95 5d³6s²	74 W 钨 183.84 5d⁴6s²	75 Re 铼 186.21 5d⁵6s²	76 Os 锇 190.23(3) 5d⁶6s²	77 Ir 铱 192.22 5d⁷6s²	78 Pt 铂 195.08 5d⁹6s¹	79 Au 金 196.97 5d¹⁰6s¹	80 Hg 汞 200.59 5d¹⁰6s²	81 Tl 铊 204.38 6s²6p¹	82 Pb 铅 207.2 6s²6p²	83 Bi 铋 208.98 6s²6p³	84 Po 钋 (209) 6s²6p⁴	85 At 砹 (210) 6s²6p⁵	86 Rn 氡 (222) 6s²6p⁶	P O N M L K	8 18 32 18 8 2
7	87 Fr 钫 (223) 7s¹	88 Ra 镭 (226) 7s²	89-103 Ac-Lr 锕系	104 Rf 𬬻* (267) 6d²7s²	105 Db 𬭊* (270) 6d³7s²	106 Sg 𬭳* (269) 6d⁴7s²	107 Bh 𬭛* (270) 6d⁵7s²	108 Hs 𬭶* (270) 6d⁶7s²	109 Mt 鿏* (278) 6d⁷7s²	110 Ds 𫟼* (281) 6d⁸7s²	111 Rg 𬬭* (281) 6d¹⁰7s¹	112 Cn 鎶* (285) 6d¹⁰7s²	113 Nh 鉨* (286) 7s²7p¹	114 Fl 𫓧* (289) 7s²7p²	115 Mc 镆* (289)	116 Lv 𫟷* (293)	117 Ts 石田* (293 294) 7s²7p⁵	118 Og 鿫* (294)	Q P O N M L K	8 18 32 32 18 8 2

镧系
57 La 镧 138.91 5d¹6s²	58 Ce 铈 140.12 4f¹5d¹6s²	59 Pr 镨 140.91 4f³6s²	60 Nd 钕 144.24 4f⁴6s²	61 Pm 钷 (145) 4f⁵6s²	62 Sm 钐 150.36(2) 4f⁶6s²	63 Eu 铕 151.96 4f⁷6s²	64 Gd 钆 157.25(3) 4f⁷5d¹6s²	65 Tb 铽 158.93 4f⁹6s²	66 Dy 镝 162.50 4f¹⁰6s²	67 Ho 钬 164.93 4f¹¹6s²	68 Er 铒 167.26 4f¹²6s²	69 Tm 铥 168.93 4f¹³6s²	70 Yb 镱 173.05 4f¹⁴6s²	71 Lu 镥 174.97 5d¹6s²

锕系
89 Ac 锕 (227) 6d¹7s²	90 Th 钍 232.04 6d²7s²	91 Pa 镤 231.04 5f²6d¹7s²	92 U 铀 238.03 5f³6d¹7s²	93 Np 镎 (237) 5f⁴6d¹7s²	94 Pu 钚 (244) 5f⁶7s²	95 Am 镅* (243) 5f⁷7s²	96 Cm 锔* (247) 5f⁷6d¹7s²	97 Bk 锫* (247) 5f⁹7s²	98 Cf 锎* (251) 5f¹⁰7s²	99 Es 锿* (252) 5f¹¹7s²	100 Fm 镄* (257) 5f¹²7s²	101 Md 钔* (258) 5f¹³7s²	102 No 锘* (259) 5f¹⁴7s²	103 Lr 铹* (262) 6d¹7s²